智元微库
OPEN MIND

成长也是一种美好

我的内在无穷大

自我探索的 40 堂必修课

张沛超 ——

著

人民邮电出版社

北京

图书在版编目（CIP）数据

我的内在无穷大：自我探索的40堂必修课 / 张沛超
著. -- 北京：人民邮电出版社，2021.1
ISBN 978-7-115-55581-6

Ⅰ. ①我… Ⅱ. ①张… Ⅲ. ①个性心理学—通俗读物
Ⅳ. ①B848-49

中国版本图书馆CIP数据核字(2020)第244716号

◆ 著　　张沛超
责任编辑　张渝涓
责任印制　周昇亮

◆ 人民邮电出版社出版发行　　北京市丰台区成寿寺路11号
邮编 100164　电子邮件 315@ptpress.com.cn
网址 https://www.ptpress.com.cn
天津千鹤文化传播有限公司印刷

◆ 开本：880×1230　1/32
印张：8.25　　　　　　　　2021年1月第1版
字数：200千字　　　　　　2025年7月天津第19次印刷

定　价：59.80元

读者服务热线：（010）67630125　印装质量热线：（010）81055316
反盗版热线：（010）81055315

赞誉 ┃PRAISE

　　我与张沛超其实只有过几次短暂的会面，但他给我留下的印象很深。原因之一是他的思想深度、广度超出他的实际年龄一大截，从事心理学的人知道，有一种测智商的方法就是用年龄作为一个对照参数的，这就叫聪明过人。原因之二是他的文化修养极好，好像其（外）祖父系名中医，所以他对中医理论也颇有了解。但奇怪的是，他真正的兴趣却是西方的精神动力学。原因之三是，他小我差不多一轮的年龄，但和老师辈的人打交道时却谈吐自若，看着十分从容。凡此种种，皆反映了他的自信，这让我对他另眼相看。我希望他在以后的学术生涯中能有所成就，在与广大的心理学爱好者的互动中有所收获。

——赵旭东　医学博士，同济大学医学院教授，博士生导师，

著名精神科医生，心理治疗师

　　《道德经》中说："知人者智，自知者明。"故人贵有自知之明，认识自己，做自己的知己，便是张沛超要分享给大家的

心理学知识。

——申荷永　心理学博士，澳门城市大学教授，应用心理学博士导师，

复旦大学心理学系教授，华南师范大学心理学系教授

常听到有人说，人类对于外部世界的知识积累已经相当丰富，而对于自己内心世界的了解却还相当贫乏。确实，可能我们在外面兜兜转转走了许久，还是不得不常回来敲敲自己心灵小屋的门户。西方的先哲曾说："认识你自己。"东方的先哲也说过："知己知彼，百战不殆。"现在张沛超说："做自己的知己。"我挺喜欢他这句话的，你呢？其实，上面的三句话只要你相信一句，就不妨来看看这本书，毕竟，认识自我，是一件重要的事。

——钟年　武汉大学哲学学院心理学系教授、现代心理学研究中心主任，

中国社会心理学会理事，湖北省社会心理学会副会长

张沛超是心理咨询界的"小超人"，他知识广博，思考深入，能将心理咨询各流派的观点融会贯通。他为人风趣、谈吐幽默，幸而长得不是帅如周郎，才不至于遭人嫉妒。但此书内容精彩丰富，确实值得一读。

——朱建军　临床心理学博士，

北京林业大学人文社会科学学院心理学系教授，

读张沛超的书，相当于读一本关于自己的"说明书"。

——曾奇峰　精神科副主任医师，武汉中德心理医院创始人，

首期中德高级心理治疗师连续培训项目学员

如果你连自己都不爱，爱别人或希望别人爱自己都不过是自欺欺人。

仁者爱人，仁者首先是一个珍惜、尊重自己，爱自己的人。仁，二人也，仁在根本上是指自己与自己在一起，从而达到一种自我和谐。但爱自己很难，比如，"我从来没有对自己感到满意"，又比如，我们总有责任要承担。但有时，我们会只顾着承担责任，忽略自己的感受。

让我们一起，跟着张沛超的书，先和自己待在一起，对自己耐心一点，好好了解自己，好好爱自己。读完"知己"的书再出门。

——吴和鸣　中国地质大学应用心理研究所副教授，

湖北省心理学会理事

序言 | PREFACE
向内，遇见无穷大的你

"**知己**"是一个很美好的词。

唐诗中有很多与知己有关的诗句，比如"海内存知己，天涯若比邻""莫愁前路无知己，天下谁人不识君"。"知己"传达了一种细细品味起来很美好的感觉。

这些诗句里的"知己"，描述的是一种彼此懂得、心灵相通的朋友关系。拥有这样的朋友当然是人生幸事，但想求得这样的朋友其实很难。为什么呢？因为能不能成为知己是由两个人共同决定的，一个人即使再努力也不能左右这件事。

"知己"还有一层意思是了解自己，也就是"知己知彼""知人易，知己难"中的那个"知己"。本书探讨的正是这个意义上的知己，它既包括看清自己的本心，也包括了解自己的精神需求。

如果说和自己心有灵犀、足以成为"知己"的朋友可遇不可求，那么了解自己，成为自己的知己，理论上来说好像更简

单一些。

哲学家苏格拉底曾说："未经审视的人生是不值得过的。"同时，关于"知己"还有一句名言——**认识你自己**！这句话被刻在希腊的德尔菲神庙里，因为在古希腊时代，认识自己是一种很崇高的美德；而我们的文化历来也非常讲求自省。因此，想习得其他美德或技能，最好都从了解自己开始。

一般来说，我们常常会忽视司空见惯的事物。比如，你的四肢都很健全，你可能就不会一直都注意到它们。但有些时候，比如你在地上蹲得久了，突然站起来时腿有点儿麻，你马上就会强烈地感觉到"我有一条腿好难受"。所以，**我们自己一般是在觉得哪里有点儿不舒服后，才能特别注意到这些部位的**。

不仅仅对身体的认识是这样，我们对自我其他方面的认识同样如此。如果生活得非常顺利，我们可能完全意识不到自己的内在，因为我们没有必要耗神耗力地一直思考自己。

所以，如果你翻开了这本书，我想你可能在生活中，尤其在人际关系方面，遇到了一些麻烦。从内在的角度来说，**人际关系**是指人们在交往中，在心理上的直接关系和距离。我们似乎通常将人际关系理解为一个人在家庭活动之外和其他人构建关系。其实，人际关系也包含一个人在家庭中和其他家庭成员的关系。**家庭中人际关系的情况常常会投射到家庭以外的人际关系中**。

　　人际关系方面的麻烦往往会让我们出现焦虑、抑郁、悲伤、愤怒等"负面情绪"。不知道你有没有留意到，当强烈的情绪出现时，我们内心其实会出现一系列的心理活动，比如"这不是我""天哪！快把它清除掉""我不想再想这个"等。所以，当心里产生了强烈的情绪时，我们内心不仅不想成为它（情绪）的知己，反而恨不得它下一秒立即从我们的世界消失。但这样一来，我们的内心就缩小了；而我们的内心开始容不下情绪时，也就开始容不下世界。

　　如果经常有一些人际关系、情绪方面的困扰，我们就要留意自己是否在处理人际关系以及调节自身的情绪方面有些不足。这些不足往往源于我们并没有觉察到的某种想法，它们像我们大脑中的程序一样，会发出特定的指令，让我们一直以同样的反应面对某种状况，并一而再，再而三地陷入同样的麻烦。

　　麻烦的坏处我就不加以分析了，毕竟当它展现坏的方面时，我们需要做的就是摆脱它。那么从好的方面来看，它有什么积极意义呢？**或许一而再，再而三地出现的一些麻烦，恰恰是逼迫我们更了解自己的契机。**

　　有一家杂志社的记者经常采访我，他会让我就一些大众关心的问题提一些专家建议，久而久之，我形成了自己回答问题的方法。

　　比如，当他问如果一个人总是会出现某种行为——总是破坏亲密关系、总是玩手机、总是对亲近的人发火，或总是在家里囤很多东西时，我们该怎么办？

面对这种问题，我首先会说，一个人总是重复地做什么，一定有他的道理，他重复做的这件事对他肯定是有好处的。要么这样做的确帮助他逃离或躲开了一些**外在的不利情境**，要么这样做帮助他逃离或躲开了一些**内在的不利情境**。

接着我会说，逃离不利情境其实就是某种获益，所以如果一个人总是做什么，那么他在这件事中一定是有所收获的，但这个收获到底体现在哪里，或许他自己也不知道。也正因为他不知道，所以他就没有办法盘算自己的收获是不是正向的。其实，当他想到要向外界咨询或求助时，我们几乎可以断定，他的收获肯定不是正向的。他可能因为这种行为吃了亏、受了罪，把自己的路越走越窄了，觉得自己难以承受这种辛苦，所以才会向外界求助。

最后，到了我提出建议的环节。我对这类问题的建议几乎千篇一律——**他需要更深入地了解自己的体系，只有真正了解了自己的体系，才会放下那些该放下的东西，才能做那些该做的事情。**

我们要相信，人最深处的本质，其实是想成全自己。

但由于他不够了解自己，所以他内在不同的部分总是在打架。这个"架"发生在暗处，虽然他自己也没有发现，但其实这消耗了他非常多的能量。你想，如果你的生命能量都消耗在

"内斗"上，那你能剩多少精力"开疆拓土"，让自己拥有一个非常自由的、富有创造性的人生呢？

所以，在我看来，**在了解自己方面的投资无论多少都不为过。**

受职业影响，也为了更好地帮助别人，我需要深入地观察人们，了解人们人性深处的东西。这种观察过程其实也是一个不断觉察自我的过程。

我在"向内走"的过程中发现，我们的自我实在是太奇妙了，我们自身对"自我本质"实在是太陌生了，自我的范围也实在是太大了。如果你不断地觉察自我，你甚至会发现它是很神圣的。

有句话叫作莫往外求。言外之意就是我们需要向内求。求些什么？哲学家们会说，你要求得有关你自身的知识。有关自身的知识并不容易获得，因为很多有关自身的知识都不够真实，是别人的模板或有意展现给你的假象。

所以，想真正地观察自我，一定要"正心诚意"——我不是要假装做些什么给别人看，也不是要做什么作业，更不是要在朋友圈中打卡，而是真的想帮助自己，我真的想成为自己的知己，想与自己建立亲密关系，想向内寻找一个能让我获得圆满人生的答案，我真的想成全自己，想遇见无穷大的自己。

当我想成全别人时，我不是想通过牺牲自己成全别人，而是希望自己和别人就像两朵花一样，都能够盛开。

我很喜欢"花"这个比喻，所以，本书通篇贯穿着有关**花的比喻**。有一个流传度很高的说法是，我们的心像一颗洋葱，剥到最后什么都没有，而且你还流了很多泪，我不太喜欢这种说法。

我们的内心应该像花一样，每一层都有它的结构，每一层都有它的颜色，每一层都有它的用途。而且花和洋葱不一样，**花是有"心"的，这个"心"有特别大的用处——在秋天结出果实，不负盛开。**

我希望我能为大家提供一本**有料、有用、有趣、有型**的书。有料，我会很用心地提供真实的内容；有用，这个仁者见仁，目前只是我的愿望，不过我认为这本书对读者朋友来说，是有一些用处的；有趣，我希望它是让人觉得有意思的；有型，我希望它是独特的，每一朵花都有自己的芬芳，我们不需要和别人一样。

这本书的内容没有模仿任何现有的体系，我希望它能成为一个独特的存在，也希望大家能够通过这本书找到独特的自己，成就繁盛如花的人生。

张沛超

目 录 ┃CONTENTS

第一章

从容：

突破关系束缚

　　当你陷入烦恼时，若这个烦恼有解药，那唯一的解药便是：不断地认识你自己。认识自己的途径有很多，观察自己身边的人以及自己与人相处的模式就是很好的途径。本章将会探索以下问题：自己与他人的关系是"充电"还是"耗电"；为什么有些关系即使处于耗电状态，我们依旧无法终结；我们在关系中有多少人格面具；我们花了多少精力维护面子；我们对别人的态度是亲近、回避还是对抗；我们是否能够处理好人际关系的边界等。这些探索可以帮我们看清楚自己人格中的一些特质，如性格、习惯、信念及人际关系中存在的问题或隐患。

第一节 扪心自问，你真的了解自己吗

■　■　■　■

"扪心自问"好像是一个情感色彩过于强烈的词。我要和大家解释一下，我本人完全不想过于咄咄逼人，但我觉得"你真的了解自己吗"这个问题应该开宗明义地指出来。因为这是一个普遍的问题，我们可能以为自己比较了解自己，但其实**这种想法有一个很大的误区，因为我们对自己的了解是以一些外在的规则、一些流行的东西作为参照的。**

给大家举一个我自身的例子。

我在少年时代刚刚知道星座[①]时，对照自己的生日一查，得知自己是巨蟹座，其实我按照阴历过生日，而星座是根据阳历生日推算的，所以查到的星座并不正确。但当时网络还没有普及，我对星座的了解也大多来自地摊书。在这样了解了一些巨蟹座的人是怎样的，有什么特点等后，我有些疑惑，我的性格好像和书上的巨蟹座有所不同，但第二个念头就是，肯定是我不对，我应该活得更像巨蟹座一些。然后在不知不觉间，我

---

① 星座：星座占卜等并无科学依据，此处举例仅为说明外部框架对人的影响。——编者注

好像真的变得有些像巨蟹座了。

后来我读大学时，星座理论还很流行，这时我才知道自己其实是狮子座，那时觉得自己好像真的天生更像狮子座。了解得更深入后，我发现星座理论其实很复杂，要想成为完全符合某个星座性格的人是很困难的。

举这个例子是想引出自我认知的第一个误区——我们在了解自己时通常会不经意地套用某些外部框架，而且这些框架并不一定是科学的、适合自己的。在"民间心理学"中，星座、属相和血型构成了一个三维体系，每个人在这个体系中都有自己的定位，可以根据这个定位了解自己应该具备怎样的特质。

可对我们认识自我来说，即便是科学的人格测量也同样属于外部框架——当我们读到某篇文章用一个比较抽象的概念描述某一类人时，会很自然地将这个概念套用在自己身上。如果相似的部分比较多，我们的行为甚至思维可能会不由自主地朝着符合那些描述的方向改变，这在心理学上被称为**常模**①。我们甚至希望自己最好活得比较像那类人中的典型，这样我们内心会产生一种安全感，感觉自己似乎真的在一个很稳固的框架内。

在实际的治疗中，我会遇到一些来访者，他们看了一些心

---

① 常模：根据标准化样本的测验分数经过统计处理而建立起来的具有参照点和单位的量表。它是用于比较和解释测验分数的参照标准。

理学专业的书就开始给自己贴标签："张老师，我是边缘型人格障碍①。你看，边缘型人格障碍的很多表现我身上都有。"

相较于原来对自己一无所知的状态，他的进步在于他试图开始了解自己了。不过，他在了解自己时借助了一个外在标准，他把教材或诊断系统里规定的形象当作真实的自己，产生了"我原来不认识自己，我原来对自己的认识是错误的，我现在终于明白是怎么回事了"的想法，这种想法好像一下子治好了他因为对自己一无所知而产生的恐惧——"我获得了一个定位、一个诊断"。

于是，他顺理成章地把这个诊断当真，此后好像活出了不一样的人生。他甚至从一些做事不计后果的人身上获得勇气："我好像还是有点瞻前顾后，这样是不对的。我已经找到了真实的自我，我应该活得比以前更真实。"

这种想法其实会给他平添很多麻烦。

原来的那个他可能生活在父母的某种标签、某种界定下，比如我的一些来访者从小被父亲说丑，或被母亲说笨，"你是我见过的最笨的孩子，某某（指别人家的孩子）比你聪明得多。"这其实也是一个"诊断"。多年来，他把父母给他的"诊断"奉为圭臬，从不质疑这些"诊断"的真伪。

---

① 边缘型人格障碍：以情绪强烈多变，人际关系和自我意象混乱而不稳定、具有分裂的防御机制为核心特征的一种人格障碍。

不幸的是，当现在的那个他某一天终于从这个阴影中挣脱、抛开错误的"诊断"时，他却又会马上全身心地投入另外一个错误的"诊断"，好像一个无比真实的自己已经在那里等了他很久，然后把那个新的"诊断"当成真实的自己。但实际上，那很可能是另外一种麻烦的开始，他可能会打乱自己之前的生活节奏，抛弃之前拥有的真实，可能又活出了另一个不真实的自己。我希望各位读者能避开这种经历，不要像这种来访者一样，离开一个麻烦后又陷入另外一个麻烦。

自我认识的准备工作：初心

认识自己、做自己的知己是一件非常困难，并且需要付出很多时间、精力、心思和勇气的事情。我们的内心就像一枝花一样，除了美丽的花瓣，还有承托花瓣的花茎和花萼，孕育生命的花蕊和子房。不同的花，它们的大小、形状、颜色又各不相同，如果想准确地认识一枝花并了解它的构造，就需要我们静下心来，用特殊的解剖镜和镊子，一点、一点地观察和剖析它。

我们认识自我的过程也是如此，需要付出足够的耐心才能完成。我们不要在对自己刚有一点认识时，就觉得自己已经得到了真理，而是要有一颗探索未知的初心。要有意识地问自己：**我的初心还在不在？我是不是觉得我对自己的认识已经达**

到了准确无误的程度？我们先用这种方式埋下这颗初心的种子，并在接下来的阅读过程中，时时浇灌它。

另外，不要"抄作业"。如果你觉得有一个人好像活得比较本真，希望自己也能那样，于是就全面地模仿对方的生活方式、动作神态等，甚至不惜违背自己的意愿，刻意地改变自己的性格，那么暂且不论你在对方身上看到的那个"真我"是不是真的，完全将自己复刻成另外一个人真的好吗？世界上没有两朵一模一样的鲜花，第一朵花肯定是真的，其他和这朵真花一样的只能是塑料花，我们要避免活成"塑料花"。

或许你在读完这本书后，发现我讲的这个体系存在对理想人格的某种规范，认为大家在看完书后找到的有关自己的知识都属于同一个系统，圆满人生只有一种实现方法，生命之花只有一种绽放方式，结的果最后也是相同的。不要这么想，这是我最不想看到的，也是我尽力想避免的。

我希望你能把有关自身的疑问，以及伴随着疑问而看到的初心始终放在重要的位置，并时常问问自己：我真的了解自己了吗？

我自己也在做精神分析性的心理治疗，所以我可以接受对自身进行分析这件事。我已经做了超过 10 年的精神分析，这些分析都通过英语进行，在进行了很长时间的分析后，我突然发现，那个接受分析的人格，是一个讲英语的张沛超，而那个讲普通话或是讲家乡话的张沛超，他们可能在"垂帘听政"，只是偶尔插一下话。所以我们即使在进行一个专业而持久的分析、解析、剖析自身的活动，得到的也很有可能是一部分临时性的人格。但临时性的人格并不代表没有价值，相反，我相信它会指引我不断走向自己的内心深处。

某一年，我专门回老家拜访那些在我小时候照料过我的人、教导过我的老师和我童年的玩伴，我想从他们口中知道，当时他们对我的印象究竟是怎样的。这个调查的结果给我带来非常大的震动，甚至很大程度上松动了我通过多年专业而系统的探索才形成的自我印象。

做自己的知己，需要我们设定一个终身的目标。我无法承诺实现这个目标的过程会有多么轻松，多么美妙。我想说的是，当你在这个过程中陷入烦恼时，若这个烦恼有唯一的"解药"，那只能是不断地认识你自己。就算还有其他的途径，也只是这味解药的药引子罢了。

第二节 如何从他人身上发现自己的轮廓

■　■　■　■

在第一节中，我好像把认识自己说得困难重重，但认识自己其实没那么难，而且它有一种非常简单的办法，就是可以从他人身上发现自己的轮廓。

我相信谈到这一点时，大家应该不会觉得新奇或陌生。这不就是很多人会挂在嘴边的话吗？看看你身边的人就能更了解自己，这有什么难的？但我在这里还是要提一提，因为尽管它已经变成了一种常识，但其实很少有人真正实践这一点。

"物以类聚，人以群分"这是一句非常有道理的老话。在"类聚"中，我们知彼就能知己。所以此时我们看别人，就更容易看清楚自己。我们的眼睛看不到自身，只能看到自身之外的事物，自己想要进行系统的内省并不容易，但在看别人时，我们可能是专家。既然已经有了这样的"方便之门"，我们为何不利用起来呢？

知彼知己的探索工具：人际同心圆

我们可以在一张 A4 纸上画同心圆，如果你有圆规可以画得标准一点儿，如果没有，那画得随意一些也没关系。

请你把与自己关系最密切的人的名字写在最里面的一环；把和自己的关系仍然很亲近，但比第一环中的人稍微远一点的人的名字写在第二环，依此类推，可以多画几环。一般来说，我们在写名字时更容易想起那些和我们关系好的人，愿意回忆他们，也愿意写下他们的名字。而对于那些和我们的关系没那么好的人，我们可能就不太愿意写他们。这里所说的没那么好，更多是指一种爱恨交织的感觉，它比纯粹不好的感觉更复杂。但我们在上一节已经说了认识自己这件事没那么容易，因此希望你能克服一下，先把他们的名字写在上面。等你把这个**人际关系同心圆中的所有人名都写好后，这些人和你认知自我的关系就比较大了。**

爱恨交织的人要不要纳入同心圆

你可能会想："我特别讨厌一个和我关系密切的人，我和他在哪一方面都没有共同点，为什么还要把他放在我认识自己的范围内？"在这里我解答一下大家的这类疑惑。

假设有一个和我们关系非常密切的人，他身上的某些特点、素质，或是性格和我们格格不入，甚至完全相反——他爱喝热饮，我们爱喝冷饮；他喜欢吃咸的，我们喜欢吃甜的……总之，我们和他在很多方面都很不同，为何我们还要考虑和他的联系？其实，你们的不同之处越多，你们的关系可能就越密切；你不喜欢的他的那些方面，你身上大概率都有，不信的话，你可以问一问你和他都熟悉的人，看看他是不是这样认为的。

我身上就有特别多的我原本讨厌的那个人的特质。想想看，如果这种关系是存在于最常见的由外婆、母亲和女儿构成的家庭关系组合中，在生活的某个场景中，母亲刚刚和外婆有所互动，比如外婆非让要她穿得厚一点，或总是让她吃这个、吃那个，她很不高兴，和外婆争吵了一阵。然而当母亲走入另一个房间和女儿互动时，她就会觉得自己说的话都很有道理，女儿需要听她的。此时她可能会突然发现自己的语气和她的母亲一模一样。不要忽略我们不想认同的人的力量，将这些人视为和我们交往密切的人，放在你的同心圆的三环、二环，甚至是一环，完全没有问题。

单向关系的人要不要纳入同心圆

也许有些人会产生疑问：我刚刚在同心圆里不仅写了我的家人，还写了我的偶像，可是我和偶像之间只有单向的关系，我特别熟悉他，知道他的一切，但他对我一无所知。这样的人可以写在里面吗？答案是肯定的，一样可以写在里面。

虽然是单向的关系，但如果你们之间的关系在你心里有着

很强的联结，也说明你非常认同他。一般来说，青少年都会产生对偶像的认同，这种认同甚至会达到迷恋的程度，青少年可能会希望自己的方方面面都与偶像一模一样。**一个人所崇拜的偶像的特质，其实会融入其人格结构。**

为什么同一个时代的人会有共同话题呢？因为，虽然他们的父母完全不一样，他们的亲友、家族之间也没有任何交集，但如果他们曾经崇拜过同一个偶像，也就好像是在一个象征性的家庭中有了亲缘关系，这些人会通过对同一个偶像的认同，获得一些相同的特质。直到多年后，他们才会发现自己的偶像在自己身上融入了当年自己需要的一些东西。

这看上去有些复杂，容我稍稍解释一下。我们对别人的印象其实经过了自己主观的需要、需求或是欲望的转化。如果你特别需要某种特质，而你的父母身上没有，那你自然会向外界寻找，哪怕在外界找到的那个人身上只有一丁点儿符合你需要的特质，我们的内心也不会容许对方只有一丁点儿像，我们一定会在心里给他加戏、加码，不管对方有没有这样的特质，哪怕这个特质只是人设的一部分，我们都会在心里加工一番，使他最终变成我们需要的那个完美的对象。

我们的家人和偶像身上其实都有一些特质会被我们这样转化吸收。如果这些特质是我们欣赏的，就会被正向吸收；如果这些特质是我们讨厌的，可能会被反向吸收。我们可以把自我设想成一个系统，自我就是通过这种方式运作的。

思想实验：从他人身上寻找自己的特质

现在，大家可以开始做一个思想实验。如果让你从他人身上寻找自己的特质，你第一个想到的人是谁？先不考虑你对这个人有怎样的情感，我们先问一问自己，你从这个人身上发现了自己的什么特质，大部分人会第一个想到自己的父母，你也可以从自己的父母开始。

任何人想和父母完全没有一丁点儿相像的地方是不可能的，所以认识自己的第一步，可以从看一看你的父母是什么样子的开始。比如他们是不是热爱养生？可能你并不赞成养生，但说不定你喜欢另外一种形式的"养生"呢？你觉得父母的养生很荒唐，但也可以想一想，说不定我们自己"养生"的荒唐程度和父母不相上下。只不过他们和其他父母在同一个群体里，大家相互催眠、相互肯定，都觉得自己的养生方法是世界上最正确的；而我们在朋友圈里相互催眠、相互影响。可能某些被我们所处的群体认为无比正确的观点，等到将来我们的孩子长大后去看，也觉得很荒唐。

我们要对每一个被写在同心圆里的人做这个思想实验，并在内心准备好面对一些情绪波动。 我在前面阐述过，发现自我、做自己的知己的过程没那么云淡风轻、没那么容易。不过面对思想实验带来的精神痛苦时，如果你有心理准备，你可能会轻松一点儿。

大家在做这个思想实验时，可以在同心圆里每天只填一个人，然后在下边列一个表格，想想我和对方有哪些地方相似，有哪些地方完全相反，然后写在表格里。完全相反的特质仍然是一种深刻的认同，而且，通常这种完全相反可能与你的意识层面完全相反，而你的无意识照单全收；也可能你对待别人时完全相反，对待自己时则与对方一模一样。比如，你的父母为人特别吝啬，你想和他们完全相反，所以你对朋友特别慷慨，你甚至以慷慨著称，所有人都夸你，说你和你的父母完全不一样。这时你要考虑一下，有可能你对自己并不慷慨，甚至比父母还要吝啬。因为总体而言，我们的自我系统有一种守恒的法则，如果你想补西墙，就一定要把东墙拆了才行，所以有可能我们对自己吝啬的程度已经超过了父母。

做这样的一个思想实验可能会让我们对自己原来的认识逐渐崩塌。如果你在实验中感觉有些不适，不要强迫自己，因为如果你强迫自己，希望赶紧得到一个正确的答案，可能这个实验你就做不下去了。

你看了这本书，也相当于认识了我，那现在我也是你的系统中的一部分，你也可以从我开始做这个思想实验。你和我之间有哪些相似之处呢？比如，你觉得我写的内容有趣，那你可以想一想自己是不是一个有趣的人？如果你觉得我好像有些危言耸听，你也可以想想自己是不是也有危言耸听的地方？

第三节　有的关系能充电，有的关系会耗电

■　　■　　■　　■

本节要分析一下不同的关系。通过前两节，大家已经知道，我们无法脱离我们所拥有的关系去了解自己。我们想成就自己，肯定也要思考我们的关系体系。

曾有一位来访者告诉我，人和人之间的关系有充电型的关系，还有耗电型的关系。我觉得这个比喻具有一定的普遍性，所以本节就以这个比喻分析一下不同的关系类型。

充电型关系

一个人不可能没有过充电型关系。为什么这样断言呢？如果一个人从出生到现在完全没有充电型的关系、没有得到过任何正向的东西，那他是不可能生存下去的。所以任何人的关系体系中肯定都是有充电型关系的。

什么叫充电？其实这个比喻源于我们的体验。**我们在和有些人交往时，会感觉自己好像变得更有能量、更自信、更有勇气、更果断、更生动、更富有生命力、更能够面对自己、更愿意主动探索世界，感到更自在、更安全。这种关系就像是在给**

我们充电一样，只要联结到这个"无线充电器"，我们的电量就从一格充到两格，到满格。说到这里，谁会不希望自己的关系全都是充电型关系呢？这样充下去，我觉得每一个人最后都能变成"超人"。

耗电型关系

充电型关系的反面就是耗电型关系。耗电型关系在各方面都与充电型关系相反，耗电型关系会让我们感觉自己很差劲；感觉自己失去了能量，不信任自己也不信任这个世界；感觉自己的情绪很糟，好像失去了梦想一样很泄气。只是说些这样的词汇，我们就会感觉自己的"血槽"一点一点地变空了，如同手机电量一点点地下降。

你的生活中会不会有这两种关系呢？我想应该是有的，但不一定有这么典型。你可以看一看，自己和谁待在一起时是在充电，和谁待在一起时总是在耗电，然后你可以思考一下自己目前的电量怎样、大概有几格，顺便还可以思考一下，读这本书是在充电还是在耗电。

事实上，纯粹的充电型关系或耗电型关系几乎不存在，绝大多数关系同时存在充电和耗电状态，只是程度不同。

"充""耗"皆有的关系

接下来讲讲"充""耗"皆有的关系。一般来说，每个人的内在世界都十分复杂。如果在有人让我们谈谈对他的看法时，我们讲一些模棱两可的话，比如"我觉得你的内在存在很多的冲突"等，那么十个人里面有九个人都会点头，而剩下的那个摇头的人内心其实也在拼命点头。

充电和耗电皆有的关系的原型来自依恋关系。依据个体与重要他人通过亲密互动而形成的持久、强烈的情感联结，我们可以大致把依恋关系分为安全型依恋和不安全型依恋。处在一个真正的安全型依恋中，就像是在联结一个性能可靠、功率稳定的充电器，这时你的人生会从一个很小的花苞，慢慢长为含苞待放的花朵。安全型依恋一定是能够充电的关系，否则这个安全就是虚假的。

一般来说，我们的第一抚养者，也就是我们的母亲，是我们的第一个充电型关系。母亲与我们进行的联结不仅包括生理层面，更包括精神层面。每个母亲都想生下自己的孩子，她的精神世界对这个孩子有渴望、有期待，她希望这个孩子带来某些好的东西，所以孩子在母亲的腹中时其实就已经开始接受来自母亲的充电了，因为孩子被寄予了一种希望。**被寄予希望的孩子和不被寄予希望的孩子在童年时期的体验完全不一样**。大家可以体会一下自己的童年关系是充电型的还是耗电型的。

这样的关系原型对我们意味着什么呢？如果我们从诞生伊始就能被很好地充电，这样做的好处不仅在于我们从一"出厂"就已经被充上了足够的电量，还在于这会让我们**相信自己这块电池还不错，能被充上电**；也会让我们相信这个世界上存在可以为你充电的电源。如果你一开始获得的充电型关系以及在关系里的充电体验就颇为不错，那么你的人格深处就会相信这个世界是充满能量的。

相反，有的孩子从一出生就被母亲反向充电。如果母亲的能量比较低，表现出一种要么外显、要么内隐的抑郁状态，那么她一开始就会吸收这个孩子的电量。

你可以想象，这两种截然相反的情况在个人形成信念、发展个性时造成的影响会有多么大的不同。

我在这里把孩子可以从外界得到的电源简化为母亲这一个方面。实际上母亲也需要从她的家庭系统中充电，这种充电或是来自自己的母亲，或是来自自己的丈夫。如果一个母亲在自己的家庭中无电可充，她又怎么能够给她的孩子充电呢？所以即使我简化了模型，大家也应该知道，一个充电器背后需要更大的电源。

人类的天性：追逐单一型关系，排斥复杂型关系

读到这里，相信大家已经不难理解，为什么大多数关系

都既充电又耗电。这是因为我们的抚养者并不是非常理想化的人，像圣母一般的母亲恐怕只能存在于神话或宗教传说里。

影响一个人能量级水平的因素实在太多了，所以即使理论上作为孩子充电者的母亲，在某些时候也需要从孩子身上吸收一些电量，这其实是人类天性的一部分。

然而，人类天性还有一部分是希望对这些关系进行切割，把它们分为完全好或完全坏、完全充电或完全耗电。我在前文已经讲过，我们在认识自己时，很容易借助一些外在的规则，这些规则本身和我们的经验没有关系，我们也会借助很多规则感知他人，但这些规则可能干扰了我们最真实的经验，甚至禁锢了经验。

如果接收到与这种单一性的规则相悖的经验，**我们会压抑它，或把它投射出去，**"我没有这些""这个不是我"或"这个是属于外界的，属于他人的，和我没有关系"，这样的一些反应其实增加了我们探索自己的难度。所以，在对自己进行系统的探索前，或在整个探索过程中，我们需要时时提防这一点。

如果读到这里，你就轻易地判定自己和某个人的关系属于充电型或耗电型，那么可以说你已经落入了陷阱。如果这部分内容能够起到一些作用，那应该是能帮助你探索一些混沌不清的经验，而不是让你尽快得出某个结论。

就包括你与这本书、与作者我之间的关系，也可能是复杂的。你可能会感觉这本书在某些时候是充电的、某些时候是耗电的，甚至是令人讨厌的。

每当这种感受出现时，我建议大家多一点耐心，再往后看一看，或反复看一看，以便让自己的感受逐渐变得清晰。

尽管我希望自己和大家的关系能成为充电型的，希望这本书能够变成一块相当不错的移动电池，但为了更好地使用它，这里要稍稍交代一下——**可能我们的体验和感受与事实是不一致的，这一点对我们生活中所有重要的关系都适用。**

第四节　你为什么难以离开某些关系

■　　■　　■　　■

本节我们要引入一个概念——**配重理论**。

这个理论是我理解人际关系的一把钥匙。此前我只在一些比较专业的场合小范围分享过，但大家听完后觉得这个理论很好，所以在书里把它分享给大家。

配重理论

大家有没有注意过建筑工地上的那些塔吊？

塔吊有长臂和短臂，通常短臂上会有一些配重，如果塔吊在运行时没有配重，塔吊就很难保持平衡。人其实也是这样，我们并非孤零零地生活在世界上，**而是处于各种关系中，不了解这些关系，就无法真正地知己。**

解读配重理论：以一个三口之家为例

我们和他人的关系会有哪些具有特征性的原理呢？这就是我要分享的配重理论。我们总是会在关系里和他人形成某种平衡，举个例子，多年前我坐绿皮火车，车上很多人会在一起聊天，我旁边有一个比较年轻的男子，他在拿着手机兴致勃勃地向我展示他儿子的照片时，突然说："我从来没有打过儿子哪怕一巴掌。"我心想这句话听起来比较突兀，好端端地为什么突然这样说？品味了一下后我问他："你小时候，你父亲打过你吗？"

听到我这样问，他的脸色黯淡下来："我小时候常被父亲打。"我继续问："是不是你的太太打孩子打得比较多？"他一听，脸色都变了："你怎么知道的？"我说："你不想打的、你打不了的、不敢打的这一部分，你的老婆就替你打了。"这就是一种配重。

我们先想一想，他和他的父亲以及他的孩子之间出现了怎样的配重？

父亲打他，他作为受害者会产生一种想法"我不能成为我父亲那样的人，否则就会制造出另外一个痛苦的我"。所以，当他的孩子出生后，他无论从意识层面还是从无意识层面都想远离那样的一种梦魇，所以他会为"父亲过多地打自己"进行配重。他被父亲打过那么多次，要怎么调配才能够保持平衡呢？一定要一巴掌都不打，碰都不碰，即使咬牙切齿也不动手。

然而事实上，在这种配重下，他的孩子并不是生活在一个父亲很宽容、很接纳，或很欣赏他，也完全想不到要打他的家庭环境里，因为这个家庭环境中还有母亲，母亲会吸收父亲心头的愤怒。如果父亲下不了手，愤怒的重量就会转移到母亲那里，母亲就会替他出手打这个孩子。可能父亲越不想打孩子，母亲反而打得越重。

这个过程的危险之处在于，虽然父亲出于自己意识上的配重并不想打自己的孩子，但母亲可能完全不了解这个情况，也不一定知道他的过去，或即使知道也不见得会将他的过去和自己在家庭中的育儿方式结合起来。**所以这个孩子可能正生活在一个父亲有一种想打他的无意识愿望，母亲负责实现这个愿望的环境里。**

一致性配重 vs 互补性配重

家庭其实拥有非常复杂的配重体系。如果我们想看一看自己有哪些特征，比如是不是特别的外向，那么这种特别的外向可以是**一致性的配重**，也可以是**互补性的配重**。正是这样的配重使得我们至少在心理层面上很难离开家庭系统，**因为一个体系在运行得比较平衡后，就会变得像一个生命体一样，**你能想象一个生命体随便卸一只胳膊、去一条腿吗？那是很困难的，**而每个家庭都会把其成员固定在自己的配重体系上。**

如果家庭或家族一开始就出现了一些问题，这些问题其实就会造成某种不平衡。假设一个家族中不幸地夭折了一个孩子，那之后出生的孩子就会背负起夭折的哥哥或姐姐的重量。

因为父母已经不小心失去了一个孩子，再失去一个孩子对他们而言是很难接受的，所以父母在心头会积压一定的重量。如果家庭中的母亲怀了第二个孩子，那么这个孩子在还没有降生时，就已经有了父母给他的配重。所以第二个孩子在这样的体系里，就需要填补父母的某种内疚，或做出一种补偿。

在这样的配重之下，父母可能会过多地保护他。如果这对父母的第一个孩子是在马路上不小心因车祸去世的，他们就会把他们对马路的恐惧配重传递给第二个孩子。马路的确存在造成伤害的风险，但父母可能会由于内心的恐惧，把马路说得像地狱一样危险。孩子在完全不知道这个故事，也不知道一开始的体系失衡是如何发生的情况下，可能会以某种异乎常理的心理或行为来承载和回应来自父母的这种恐惧配重。

如果任其发展下去，这个孩子长大后，可能会在生命中的某个阶段突然产生对公路的恐惧症，这可能会导致他没有办法过马路；或发展出一种更为抽象的公路恐惧症：只要他处于快要被提拔，马上会有很好的发展的情况时，他内心的恐惧就会苏醒。此时的场景就好像他正站在一个马路边，马路上全是汹涌的人流或车流，这会让他变得恐惧。当他有这样的恐惧时，就会出现一些行为上的症状。而产生这些症状的原因是他承担了哥哥或姐姐的死而造成的家庭配重。

如果他要去寻找另一半，他会找一个什么样的人呢？可能会挑一个和他一样的，无论是恐惧这种现实的马路，还是恐惧一种抽象的马路的人；或挑一个完全相反的、走到马路边时都不看红灯直接就走的人；或挑一个特别爱刺激和冒险的人。

这其实就是他在配重内心深处那些没有充分被他表达的自我。当然，他即使进行了这样的配重，这个配重体系仍然不一定平衡。当年是他的父母担心他遭遇不测，现在如果他在自己的家庭延续这个配重体系，他对伴侣也可能有类似的担心。就这样一环套一环，新成员进入这个家族系统中后，还是会被配重。

当然了，这些都是最简单的模型与假设，并没有将女方的家族背景纳入其中。

如果想理解个人的行为，你不能期望这个人在任何情景下的表现都是连贯的、一致的。他的表现不全被他的意识层面所影响和决定，也和其他人的无意识、家庭的无意识、家族的无意识，乃至社会的无意识等因素有关。

配重理论视角下的行为与问题

如果透过这种配重模型观察一个人的疾病，会发现其实一个人的行为也在进行配重。比如一个孩子出现了厌学行为，甚至到了要待在家里、要休学的地步。这种情况在经验丰富的家庭治疗师看来，**这个孩子留在家里，一定是要守护家庭的。**为什么呢？**因为如果他还在自己的正常的轨迹上，他的家庭可能**

真的要破裂了。其实每一个人在自己还是孩子时，都会担心自己的家庭破裂，所以他会觉得自己必须要产生一些行为，而且行为要足够强烈、足够有戏剧性，能够吸引所有人的注意，最终使其从学校学生的角色变成回到家里守护家庭的角色。这种行为其实就是在为家庭的危机、为失衡的家庭配重体系进行配重。

所以，如果我们单独看这个孩子的问题，会觉得完全没有头绪，但把他放在他的家庭中再看，就会知道他的病一时半会儿好不了，因为病根就像是一个恰到好处的配重体系，是没有办法在短时间内治愈的。

这就像有时候在海边玩的堆鹅卵石游戏，先在最下边放一个小小的鹅卵石，在它上面放一个稍微大一点儿的，更上面再放更大一点儿的，再上一层可能就需要放不止一个了。我们放了许多个鹅卵石，当这个结构最终达到一个非常完美的配重体系时，它非常精巧，各个组成部分之间达到了一个看起来不可思议的平衡。可是如果我们贸然地拿走其中一块会怎样？它可能一下子就崩塌了。

很多人的内心世界都存在这种很刚性的平衡，这最终使他们变得非常脆弱。一些人的家庭或家族的情况其实也存在这种很刚性的平衡，即最小的在最下面，往上逐渐叠加更多人的努力，努力上面又有努力，但这种平衡很有可能因为一次细小的变故而完全坍塌。

所以大家要有这样一种认识，我们的内心世界总保持着一定的平衡——我们的意识在为无意识配重；我们显性的人格为隐性的人格配重。从亲子关系、伴侣关系到更复杂的家庭、家族关系，到企业里的人际关系，再到社会上抽象的人际关系，这些关系其实都处于这样的动态平衡的配重系统中。

如果我们把这样的认知装在心里，再来审视自己的行为，那我相信，我们一定能获得更丰富的感受！

第五节　人格面具：角色不能没有，但也不能当真

■　■　■　■

　　面具大家都知道，很多时候我们都用得上，它能够遮盖我们的真实面貌。我们为什么需要在生活中这样做呢？因为我们在生活中所面对的社交情境并不是一成不变的，而不同的社交情境对人们的表现有不同的要求。我们常说"到什么山上唱什么歌"，这就是为什么我们会戴上"面具"。

人格面具与人格表演理论的关系

　　这里的"面具"其实是指我们的姿态，而不是真正物理化的面具。那么这个人格面具和人格表演理论有什么关系呢？

　　关于人格的理论有很多。有种理论认为我们要通过测量常模标定一个人的特质和他与常模的距离，从而让他在人群中有一个定位、有一个模化。但其实这种**特质理论** [①] 只说明了我们与某个抽象常模的距离，并没有清楚地说明我们究竟是怎样的一个人，并且实际上，这种人格理论也说不清楚我们是怎样的

---

① 　特质理论：一种可表现于许多环境的、相对持久的、一致而稳定的思想、情感和动作的特点，它表现一个人的人格特点与行为倾向。——编者注

一个人。

我们都说人生如戏，人生如剧场，**我们的人格本来就不具备跨情境的统一性**，一个人在环境 A 中会有适合环境 A 的表现，到了环境 B 中又会有适合环境 B 的表现，**在不同环境中的不同表现其实就是面具的体现**。

错把面具当成真实自我：以职业性面具为例

心理学家荣格对面具研究得很深入。荣格认为，面具并不包含多少贬义。比如，我们在生活中**会遇到一类人，他们的面具说得形象一点儿，好像已经长到了自己的脸上，代替了自己真实的脸**。天长日久，他们逐渐忘记自己原来是戴着面具的，甚至把面具当成自己真实的模样。

有一些工作会要求人们戴上职业性的面具。比如一名教师就要有当教师的"样子"，要戴上符合教师角色的面具。可能他们每天上下班的时间加起来有 10 个小时，这段时间内都处于工作状态，会一直戴着老师的面具，言谈举止都恪守一个老师的标准。或用表演理论来说，他们在表演一个老师的样子，此处的"表演"是没有贬义的。

可是，当他们回到家里时，如果没有把职业面具摘下来，而是继续戴着这个面具面对自己的孩子，那么孩子在一开始可能会非常不适应，但时间长了也会变得适应，因为孩子会与他们的面具配重。这个与面具的配重是什么呢？当然是学生。而学生会分为好学生和坏学生，如果家长回到家后让孩子觉得是一个好老师，有一些孩子会以好学生的方式，和好老师的面具达成一致性；如果家长回到家后让孩子觉得是一个坏老师，孩子会相应地发展出一种"对待坏老师，我做好学生有什么用呢？坏老师眼里只有坏学生，我只能也戴上坏学生面具"的想法。所以你可以想象，在家庭这个剧场里也会上演"好老师和好学生、坏老师和坏学生"的戏码。

你可能会觉得，父母与孩子变成坏老师和坏学生的关系一定是一件糟糕的事情，而好老师和好学生应该是一件好的事情。其实不是这样的，人性不是非好即坏的，一个好老师的面具可能会过多地压抑这个人的本性。如果外界过度认同这样的面具人格，那这个人本性中的某些部分可能会到躲到人格的阴影里。一旦躲藏到阴影里，他自己是意识不到这件事的，但身边的人仍然能够感受得到某种变化，因为他身边的人知道面具后的他本来的样子。

人格面具的阴影部分

如果我们戴一个面具的时间过长，而这个面具被对应的环境过分地、苛刻地要求，它就会侵蚀甚至置换真实的自我，使我们人格的自由度下降。为了戴好这个面具，我们人生中 90%

的能量都会被消耗在这里。

想使自己的人生舞台变得更宽，我们需要有很多自由的能量。所以你会发现，一些人在逐渐适应了一定的社会角色后，他平静的生活会突然发生巨变。没有什么来由地，他的工作就是做不下去了，或是会有一些破坏自己面具的行为。这好像很奇怪，因为至少在周边人看来，他的工作做得很好；在家人看来，他在家庭中也尽职尽责。那这是怎么回事呢？其实这就代表面具吸收了他过多的能量。

人格具有一种有机的智慧，它希望我们的路越走越宽、我们的剧场越来越大。一旦它发现一个人把路走得越来越窄，"戏路"越来越单一，就可能会破坏这种窄和单一，这些破坏会给人生带来危机，此时个人会自发地产生揭开面具的行为。所以，当面具逐渐从自己非常认同的一部分，变成不再认同甚至排斥和憎恨的一部分时，你要留意，这是不是另一种机会呢？这是不是一种想重新审视自己、逃离越来越窄、越来越刻板的剧场需要进行的挑战呢？

我留意到很多人在结束学生身份跨入社会后，会遇到一些困难，这是因为社会不仅仅需要你扮演一个好学生，所以在进入社会后，很多人会破坏自己的学生面具，让自己变得像老师一样，或变得像完全不需要接受教育一样。当我们逐渐适应了社会的面具后，可能会变得完全不喜欢自己学生这一角色。当然也有一些人会在破坏了自己的工作面具后重新戴上学生面具，甚至可能重新回到校园。

人格面具的积极意义：社会化

我们该如何看待日常生活中的角色行为呢？

从积极的角度来说，每一个环境都需要我们以相应的角色来融入、配重。我们在社会中立足，就会逐渐变得社会化，社会化并不是说让我们一定要扭曲人性，让我们迷失自己，更不是说如果我们想找到真我，就一定要从社会中逃离。

社会化是我们逐渐分化出各种各样面具的过程，这些面具可以适应各种各样的场合。一般来说，我们大多数人在做到这一点上都没有太大的问题，因为我们对人格的观点在各种情境下并不会一成不变地用同一种方式进行表达，我们在与他人的关系中界定自我，这使我们可能更容易分化出适合各种情境的各种面具。

如"八面玲珑""长袖善舞"等，这些现在已经变得带有一些贬义的成语，在这里用来形容**一些人可能演戏演得太投入了，以至于让人觉得他们只有一个演戏的状态**。我们要关注这种人，因为我们不知道面具背后他们的真实面目究竟是怎样的。

我们在社会中的生活其实就是逐渐发展出一个又一个新面具的过程。比如一个大学生，当他去拍职业照时，要"穿上一身帅气西装，把头发梳成大人模样"。你们还记得自己这样的时刻吗？这时我们的感受和穿牛仔裤、套头衫时有很大的不同了吧。还记不记得穿上正装后，你在镜子里看着自己时还会有一些不适应？

当我们把一种新的面具戴在自己脸上时，它一开始的确不是我们的一部分，我们也的确会觉得不太适应它的存在，所以会把它当成一个外物。但随着我们逐渐能够代入角色、适应角色，这个面具就被纳入了我们的人格体系，我们就有了一个又一个能够演戏的分剧场。当踏入婚姻的殿堂，在婚礼上穿上了新郎或新娘的礼服时，我们就又有了新的面具，也就需要为自己的人生拓展新的剧场。我们一开始可能不太适应这种剧场的变化，但当剧场的种类变得越来越多、越来越大时，我们人生的宽度和深度也就随之增加了。

所以不要绝对化地把戴上面具的过程认为是在背叛真实的自我。有一类书好像过于强调面具的阴影意义，它导致一些人认为这个社会处处都在侵害他们的真实自我。但事实上，我们如果能发展出真实的自我，那么我们在这个社会的很多场合下都能安然自在地生活，我们的路肯定会越走越宽。

我们要看到每一种面具对整体人格的加持和赋能。所以，从现在开始，大家可以仔细回顾自己从小到大使用过哪些面具？希望拥有哪些面具？同这些面具的关系是怎样的？

第六节 算算你消耗了多少精力来维护面子

■ ■ ■ ■

大家知道我们生活中最大的支出是什么吗？

我们生活中最大的支出就是面子。你可能会说："对！房子、车子、钱，我们的很多钱都用来维持这样的面子。"可是这些看得见的支出在我们为了面子的支出中只占很小的一部分。我们为了面子付出的真正代价是我们几乎失去了人格活力。**所以本节就来分析我们究竟用了多少精力维护面子。**

维护面子与家庭体系有关

今天，面子已经成为社会心理学的术语。如果你用面子的拼音进行搜索，会发现很多探讨面子的文献。人们很早就不再用英文中的"face"来指代面子，因为人们发现"face"的含义比"面子"小太多了。

但说到脸，有一句话包含这个字——"不要脸"。"不要脸"用来骂人，它的杀伤力大概有几颗星？如果满分是 5 颗星，我觉得对中国人而言，它差不多是 4.5 颗星。这句话会带来强烈的羞耻感，这种羞耻感甚至可以碾碎一个人的身心，让人感觉无地自容，恨不得马上逃跑，或找个地缝钻进去。

我们不妨回忆一下，第一次知道面子很重要是在什么时候呢？

一般来说，第一次知道要维护面子这件事情，可能是在和家庭成员在一起时，也就是和主要抚养者，通常是和父母在一起时。

我们会发现和父母一起成长的孩子，在自我意识逐渐觉醒时，会开始对父母的面子有一种非常尽力维护的行为。这种尽力维护不是一个孩子的有意而为之，很多时候孩子会无意识地维护父母的面子，接下来孩子可能会觉得不舒服，再接下来可能就要对抗父母的面子。

我在自己的孩子身上就能体会到这一点。尽管我是学习心理学的，但我还是觉得如果有时候孩子在某些方面表现得好，父母确实会觉得很有面子，我可能会在朋友圈晒一晒、夸一夸。当我上传后，我会耐心地等着别人点赞，甚至有时候我还会给孩子看这些点赞。

我发现一开始孩子会很乐意父母做出这样的行为，但慢慢地，他开始对维护父母的面子感到厌烦。我作为专业人士，或许能够比较及时地意识到这一点，并对自己的行为进行一些调整。可是一些家长没有这方面的意识，他们甚至会强制性地要求孩子继续维护他们的面子。就像如果一层一层地去回溯那些从小就很优秀的人保持优势的原始动力，你会发现可能就是维护父母的面子。

父母为什么这么需要面子呢？可能父母当年真的丢过脸。那为什么父母当年丢过脸，会对孩子产生这么大的影响呢？可能孩子的父母也特别在乎这一点。如果一个家族以某种东西为荣，把某样东西视为自己的面子，那么久而久之就可能会形成一种家族传统：所有的孩子从小就会被告知做什么有面子，做什么没面子，很丢脸。

这些其实都是我自己在临床工作中慢慢发现的，找一位陌生人谈论一些自己可能会感到羞耻的故事其实是一个不小的考验。尽管在意识层面，我的来访者可能会表现得很勇敢、很配合、很愿意谈论自己，但我还是能够感觉到他们会回避某些事情，这些回避甚至完全不是有意的。当我努力使来访者留意这种回避时，来访者就会发现它内在的声音，会觉得很丢脸。

每当遇到这种情况时，我都会追问："在这样的情境下，你觉得自己的哪一部分丢了？"大家也可以问一问自己，在你们觉得丢脸的时刻，究竟是哪一部分丢了？

接着还要再问一句："你觉得你丢的这一部分被谁捡走了？"这个问题很有意思，很多人都会说，好像也没有人捡走，只是我弄丢了。此时，**我可能还会追问："如果你丢脸了，还有谁的脸也会一并丢了？"**大家可以猜得到，这种情形下大部分人的回答都会是父母。

面子就是我们的文化中很重要的一部分。我们的确也没有办法对这一部分做过多的讨论，因为大众对这一部分的认知是根深蒂固的，想在整体上扭转这种传统是很困难的。

调整面子在你的生命中所占的比例

既然大家读到这本书，我当然希望它能够帮助大家活得更轻松一些。我不是倡导大家要活到完全不要面子的程度，这连我自己也做不到。**但如果我们是精明的商人，运营着名为"自己"的无限责任公司，我们对自己应该是负无限责任的，那我们是不是要考虑投资面子的比例？**

当然，面子的部分很重要，就好比你开一家店铺，如果店面的招牌实在太不起眼，可能会直接影响你的生意。现在大部分人都没那么多耐心和时间跑到深巷里追寻一缕淡淡的酒香，或是走街串巷去找一个具有匠人精神的老店，大家都很在意店铺装修，如果你完全不在乎面子，那这个生意可能真的做不下去。所以我并不提倡你将在面子上的投资彻底清零。

不过在我看来，很多人**在投资自己的人生时，面子占的分量实在太大了。面子好像只要一开机就占了他人生内存的 95% 的程序，导致他没有空间安装新的程序。**

如果我想尝试某样新东西，我的"人生董事会"就会开始嘀咕："这样做丢了面子怎么办？丢面子可不得了，丢面子就意味着你在某个地方很可能待不下去了，在某个圈子里没地位了。大家就会嘲笑你、驱逐你，相当于你生命的一部分灰飞烟灭了。"这个董事会当然是一个比喻，而我的感性和理性会在商量后说"不行，你不要尝试新东西，你要维护你的面子"，接下来我就只好继续维护自己的面子。

如果真是这样，事情就会变成我们在"面具"一节中所说的，天长日久，这个面具将成为我们的一部分，维护面子也会成为我们的最大任务，我们生命中的一切都会服务于某种面子。而且如果我们有了下一代，他们可能会变成像我们一样维护面子的人。这样代代相传，对面子的维护便也无穷无尽了。

如果把人生比作一场投资，对只能拥有一次生命的我们来说，维护面子的代价实在太大了。所以我提醒大家可以好好检讨一下，我们究竟在乎哪些面子？是不是特别在乎自己的某个身份，离开这个身份就不能生活了？

你有没有发现，有些东西在一开始不是你自己有多需要它，而是在你的剧场中，大家都需要它。当你想做出改变时，相当于别人的配重体系也会被瓦解，这样一来，大家可能会一起阻止你："不行，你不能改变，你的面子丢了，我们的面子一定也丢了，我们是一体的。"这种不分化的状态，说得严重一些，会使我们最终"死到一起"，当然这种"死"指的是人格层面的死亡。可能最终你把面子维护得不错，**可是最终你的人生或许就只有这一种颜色，只有这一种可能性，我觉得这其实是一件很遗憾的事情。**

第七节　亲近、竞争、远离

■　■　■　■

这一节，我们来看看在人际关系中可能会有的三种姿态。

这个三分法并不是我的首创，它是心理学家卡伦·霍妮（Karen Horney）在她的《我们内心的冲突》（*Our Inner Conflicts*）一书里首次提出的。我为什么要在这里引入她的理论呢？因为她的理论有比较强的实践性，而且她也是很早就开始倡导自我分析的人。

人是可以进行自我分析的，**霍妮本人就对她的自我进行过分析，她构建了一个三分法来理解人际关系，即亲近他人、对抗他人和逃避他人。**接下来我们逐一分析，看看能不能让大家产生共鸣。

亲近他人

亲近他人，这里的亲近是委婉的说法，其实本意是在说迎合他人。我觉得每个人内心都有迎合他人的成分，如果你小时候学不会迎合他人，你的基因可能无法延续，比如小孩子会迎合自己的照料者，这是写到 DNA 里面的。

如果你天生不迎合他人、不亲近他人，那么你很难获得存活的机会。**因为与其他哺乳动物的幼崽相比，人类的幼崽或说新生儿无论是在身体方面还是在心理方面都实在是太弱小了，所以一开始他们就要学会迎合他人**。

当然，不得不遗憾地说，也有一些人天生没有这种能力，他们可能后来被诊断患有孤独症谱系障碍[①]，其中包括大众所说的自闭症。这个病症的程度有轻有重，程度重的可能完全不会迎合与亲近他人，对他人也没有什么情感上的依恋，可能只有一些最基本的表现。

所以，如果我们的人格中保存着亲近和迎合他人的成分，我们万万不能将其视为羞耻或错误，因为这只是天性的一部分。如果你迎合或亲近的对象是一个不错的人，那么可以说你的运气很好。

比如，有些人有比较好的长辈缘，到哪都会有人照顾他，可以预见的是，他的路会走得比较顺利；有些人这方面的缘分可能差一点儿，如果他不黏人，可能得到的照顾就少一些。但如果他自己的本领强，或许他也不需要发展他人格中亲近他人的部分。

亲近他人的好处在于，它会让你拥有安全型的依恋。安

---

① 孤独症谱系障碍：根据典型孤独症的核心症状进行扩展定义的广泛意义上的孤独症。——编者注

全型的依恋其实是一个发展心理学的术语，通俗来说，它是指我们在和他人的关系里感到安全、感到踏实，不累于这样的关系，愿意处在这样的关系中，并会从这样的关系中获得成长，这就是安全型的依恋。

但如果一个人亲近他人的倾向更多地表现出一些强迫的特质，他可能就会发展出依从性的性格。典型特征就是没有办法离开人，可能过度黏人、过度依赖别人，一想到自己可能要独自面对某种境况，就感觉世界末日要到了。这种性格的人会强烈地需要别人的关爱，希望别人关心他、表扬他，或保护他。

这种依从性格在某些情况下是有好处的，比如对方正好是比较喜欢控制，愿意通过控制别人显示自己的优越性，从而让别人觉得自己很有能力的这一类人。如果二者能形成这样一种互补关系，至少在这个关系中，他们处于一个各取所需的、还不错的状态。

但从整体情况看，大多数人其实不喜欢这样的状态，所以依从性格的人有很大概率会处处碰壁。别人可能一开始觉得这个人还好，后来就会完全受不了这个人，所以这样的关系通常没有办法长久。

而且这个人在结束一段关系时（通常是被动结束），完全没有办法度过空窗期。有时候，我在临床上听来访者讲他以前各种重要的关系时，我的头脑里会建立一个时间轴，当他同甲的关系到 3 月份终止时，可能 4 月初马上就会有乙；如果乙到 5 月底，那么 6 月初马上就会有丙。如果这个人没有空窗期，你大概就可以推测，他是没有独处能力的。心理学家唐纳德·温尼科特（Donald W.Winnicott）曾说，人独处的能力很重要。

对抗他人

有一类人习惯于对抗他人，他们在每一种关系里都处于战斗的状态。不得不说，有时候做某些事情，可能团队里还会需要这种特质的人，因为大多数人并不愿意表现出攻击性，也承担不了对抗性的事务。

但有些人好像在所有的人际关系中都处于剑拔弩张的状态。有些时候你看他好像总也不吃亏，**但如果把人生的收益作为整体进行核算，他敌对、否定别人的态度，可能让他吃了更大的亏。**

他的伴侣可能会受不了这一点，或他的伴侣是和他同类的人，那这两个攻击性格的人生活在一起实在是"太热闹"了。如果他们有孩子，他们俩都想占上风，那谁占下风呢？只有孩子占下风了。所以如果两个攻击性格的人组成家庭、养育孩子，他们的孩子可能会极度敏感，对任何关系中的风吹草动都会胆战心惊，难以平静。

如果这样的孩子的自我能力还不错，有可能发展出一种

"和事佬"的性格。**这不是因为他们天生喜欢和事佬的角色，而是因为如果他没这个本事，可能就无法在家里好好生存。**

对抗他人就是会产生这样的阴影面。和事佬性格的人，好的一面是可能他们的能量比较大，决断性比较好。在英文中有一对词，一个是"aggressiveness"，就是我刚刚所说的攻击性，另外一个词"assertiveness"可以被翻译为坚定性。如果能把对抗他人的部分发展得比较圆润，或者说升华得好，它可能就会变成一种坚定性。

还有些人，他们不是不想攻击，而是他们的攻击都向内，每天都攻击自己，甚至在别人不攻击他们时，他们也会攻击自己。或者是他们会用非常巧妙的方法被动攻击他人，就是虽然在表面上并没有任何敌意，但他们就是能让他人感到挫败。如果把向内攻击和被动攻击转化为显性的方式，那他们的整个系统都有可能会发生改变。

如果处理不好自己的攻击性格，他们很有可能会否定自己，其实这也就是在否定父母了。当然，这一点并不是每一个攻击自我的人在一开始都能意识到的。

逃避他人

还有一种性格叫作逃避他人，表现就是不亲近也不对抗，惹不起我躲得起，自己离群索居。这样的人可能会发展出一种

离群的性格，不与人亲近。

这种性格原本没有什么市场。大家是否还记得小学老师的评语，老师一般都会写这个同学比较外向，人际关系比较好，如果不这么写，可能就是在说你比较孤僻。或许正是这种先入为主的认知导向，使得大部分人都不喜欢离群的人。

但其实离群的人在当代，尤其是在已经被充分网络化的环境中，也能找到自己的位置。茧居族的概念就是用来形容这一类人的，他们像一只蚕蛹一样，生活在自己的茧壳里。这类人并不是我前边所说的那种自闭症患者，也不见得对人完全没有兴趣，而是他们就喜欢待在自己最熟悉的地方。

这种性格积极的方面是什么呢？可能这样的人有比较多的时间可以独立思考，他们如果从事一些对独立思考要求比较高的工作，可能会做得比较好。因为他们不容易受到外界环境的影响，能够很好地保持自己的想法。

这种性格消极的方面是什么呢？就是这样的人可能会形成一种假性的独立，或会有一种从社会中撤离的行为，尤其是如果他们的内在其实不够丰富，那么不与人亲近或逃避他人时，他们的内心其实还是很辛苦的。

拥有离群性格的人好像是为了避免自己的内心产生某些情绪，就干脆切掉了联系，所以这不是一种具有创造性的性格。我们会看到，某些人在人生的某些阶段，可能会出现这样的姿态。

我虽然说明了这个三分法，但是不希望大家对号入座。因为我在前文已经讲过了，外在的框架对我们认识自己是必要的，同时又是危险的。对我自己而言，**这三种类型的姿态我都有，而且我在不同的时期可能是不同的类型，有些时候我的外在看起来是一种类型，但内在可能是另外一种类型。**这就好像有些花一样，它的花瓣在没有开时是绿色的，开了后你发现它的内侧可能是紫色的，和外在是不同的。

所以，尽管大家了解了三分法，但也要记住每一种姿态都有积极的方面和不那么积极的方面，每个人的人格可能都是由不同姿态排列组合形成的。

第八节 审视边界：你在哪里，什么是你

■　■　■　■

这一节我们来谈一谈边界。

关系是对某种边界的界定

"边界"这个词起初在家庭治疗中属于比较专业的词语，但现在好像由于一些书籍的广泛传播，人们也逐渐开始使用边界这个词。边界其实是病理学看待家庭或家族的一个重要指标。比如把一些家族的家谱图画出来，会发现那简直就是一团糟：有些边界可能太僵硬，有些边界可能冲突性很强，还有一些边界则是过度断裂的。

结合上一节的内容来讲，如果我要迎合别人，就意味着我没有边界，而且我也不想看到你对我的边界，我们彼此融合。这是迎合型人格应对边界的情形之一。

如果与他人进行对抗，就变成我是有边界的，而且我的边界上都是刺。我留意到你也是有边界的，但我就是要戳一戳你的边界，和你斗争。如果不这样，我就没有单独存在的意义。

如果逃避他人，可能会变成我既不保护自己，也不去

战斗，我只想躲到一个有没有边界都无关紧要的地方一个人待着。

所以人和人发展某种关系其实也就是在界定某种边界。

我们控制着不同关系中的边界属性

我们和不同的人会有不同的关系。有些人是我们的上限，有些人是我们的下限，有些人和我们平级。我们和他人的关系可能是仰视的，也可能是俯视的，或是相互隔离的。**在正常情况下，我们控制着自己在不同关系中的边界的属性。**

如果你在谈恋爱时的边界清楚得和单身时一样，那我觉得这样的恋爱可能谈不下去。为什么这样说？因为恋爱本身就是让双方的边界慢慢软化的过程，两个人最后在某些阶段是融合的。这时的融合程度可能有点类似"精神障碍"的状态：即使是听到自己在内心对自己说话的声音，也会觉得外界真的有人在对自己讲话；如果在街上看到一个人吐口水，就会觉得口水一定是针对自己的。这样的人脑袋里就像有一台无线电的发射或接收装置，一直在和很多人产生联系，他的边界属性其实已经消失了。

处在热恋阶段的情侣就会处于类似这样的精神障碍状态，自己的心思对方都知道，或对方的心思自己都知道，感觉对方的一举一动、一颦一笑，全都和自己有关，都在传递着一些外界不知道的信息。其实这时，他们的边界已经变得疏松多孔了。

我们和母亲的关系在一开始也是没有边界的，处于一种融合的状态。在这种融合状态下，我们和母亲在精神上仿佛有着脐带联结，我们内心的想法，比如渴了或饿了，母亲很神奇地全都知道。

人格的内核其实处于一种无边界状态，只不过它有适应性的一面，也有病理性的一面。 如果我们在生命体验中得到了充分的养料，比如一个婴儿沐浴在母亲的爱里，得到了非常安全、非常慈爱的照顾，那孩子的心灵就会慢慢地长出一层"皮肤"。

皮肤对人体的重要性不言而喻。**其实人的心灵也有一层像皮肤一样的边界，也具有既允许营养进入，又允许废料排出，并且废料不能再回来的特质。**

就这样，我们在和母亲的关系里逐渐建立了边界。当我们逐渐独立成人，走上社会时，也会和别人有"皮肤"接触，但这样的接触通常不会造成伤害。在不同的情境下，我们也会和其他人保持不一样的距离。比如热恋时可能就处于一种非常融合、距离很近、暂时失去边界的状态中，但我们和其他人的距离可能会比与恋人的距离更远一些。

如果一个人在形成边界，或者说在形成心灵皮肤的过程中受到伤害会怎样？以人体的皮肤类比，如果我们身上的皮肤曾经受到过伤害，那么在恢复后，这块皮肤有可能变得过于薄，或过于厚，比如长出一层茧子，我们的心灵也是如此。如果心灵皮肤因为受过伤害而变得很薄，这一块皮肤可能会变得超级敏感，可能别人与我们的边界的距离符合社会期待，但只要我们感觉对方有威胁，就会后退几步，或干脆逃离，以免再次被伤害或被侵犯。这种因伤害导致的敏感就会让我们在人际关系中出现一些问题。

比如有些人没办法恋爱，为什么呢？因为在恋爱的过程中，如果对方有任何看起来像是要突破边界的行为，这些人就会感觉自己快要无法承受甚至要瓦解了。因为他受过伤，所以他的这块皮肤变得过于薄弱、过于敏感。

如果这一块皮肤变得很厚，比如变成了一块茧，对新的伤害没有了感觉，钝化了，那么其实这种钝化并不能保护他不受伤害，相反会让他因为在人际关系里把自己保护得太好，所以体验不到别人对他的伤害。同样的事情，换一个人可能气得要跳起来了，但他因为这块皮肤有着很坚固的防御性组织而丝毫不觉。但这也带来一个问题：可能会因为心里的皮肤无法及时预警，所以再次被别人深深地伤害。

在家庭中尊重彼此的边界

一个家庭生活在同一个屋檐下，彼此的物理距离很近，所以在家庭中，我们不像平时那样可以通过调节物理距离调节边界以及和他人的关系。因此，家庭关系格外考验我们自身边界的弹性、通透性、敏感性、保护性和防御性。

如果你们的关系本身有问题，这些问题其实很容易在边界性中体现，不论是夫妻之间、伴侣之间还是亲子之间，都是这样的。特别是家长，他们很容易侵入孩子的边界。非常典型的例子有：孩子的房门不能上锁，父母可以随时推门而入，等等。这很可怕。

如果一个人没有办法维持自己的边界，那么有可能他本来只是要远离别人，但最终被迫变成要与人战斗。比如前面说到的被家长侵犯边界的孩子，接下来他可能会砸门、摔东西，以此维持他的边界。

有的家长的态度是强硬的，他们一定要突破孩子的边界："你是我生的，你怎么能声称自己是有边界、有领地的，就算有我也一定要把它毁掉！"所以大家想象一下，为什么一些人会病得那么重？就像我前文中提到的那个精神障碍患者，为什么他的行为看起来没有边界？

可能你没有经历过，不知道边界对一些人而言真的很难建成，这些人的边界在建成后，又会被不断地侵蚀和瓦解，最终他的病症就源于这样一种心理配重："你不是不让我有边界吗？我就生这样一种典型的病，让全世界都知道我没有边界，为什么要这样呢？因为这样大家就会关注我了。"

边界其实是一个人主体感的来源。为什么你回家要把门关上？把门一关，门内就是你的空间了。我们的心也是一样，每个人都会有自己的秘密，而对自己的深度的认同，就来自我们的秘密。

所以当看到有些家长要求孩子没有半点儿秘密时，我真的为孩子们捏一把汗。家长这样不断地突破孩子的边界，那孩子就没有办法形成一种"我"的感觉。如果他没有"我"的感觉，那就意味着他可能会产生"任何人都可以剥夺他"的感觉。

这很可怕，相当于如果你欺负了你的孩子，由此带来的后果是全世界的所有人都可以欺负他；如果你突破了他的边界，全世界的所有人都可以突破他的边界。

我们都需要扪心自问，自己是不是经常突破别人的边界？想一想，谁突破过我的边界？那种感觉怎么样？

第二章

自然：
卸下防御伪装

通过观察人与人之间的相处模式，我们会发现，构建关系并不是一件简单的事情。本章我们来审视自己在关系中的样子。精神分析有一个很重要的概念——防御。所谓的心理防御机制，是指个体面临挫折或冲突等紧张情境时，在其心理活动中自觉或不自觉地想摆脱烦恼、隔离意识和感受、减轻内心不安、寻求内稳态①的一系列自我保护措施。高级的防御机制可以增加我们的情商，让我们不那么脆弱；但有些低级的防御机制则会损害人的情感和意志，让人变得自欺欺人。投射、情感隔离、拖延、合理化、超理智化……通过了解这些心理防御机制，我们就能看清自己与人相处时的样子。

---

① 内稳态：生物控制自身的体内环境使其保持相对稳定，是进化发展过程中形成的一种更进步的机制，它或多或少地能够减少生物对外界条件的依赖性。——编者注

第一节　防御：我们如何保护自己

■　■　■　■

从第一章中，我们了解了人与人之间的关系，也知道了人与人之间的关系是复杂多元的，人在关系中会产生各种配重。接下来我们要谈一谈关系中的个体，也就是关系中的你。

什么是防御机制

防御机制在心理学中是一个专门术语，但现在也逐渐应用在日常生活中。

我借用花形容一个人的内心，你有没有留意到，很多花都是有萼片的。如果你手边有一朵花，可以试着观察一下。比如玫瑰的萼片比较明显，这个萼片有什么用呢？它是用来保护比较脆弱、娇嫩的花骨朵儿的。

但如果萼片特别紧，当花要开放时，萼片还是紧紧地捆着它，那这朵花估计就开不了了。而花朵的萼片就如同人的防御。**人不能没有防御，但也不能防御过度。很多心理上的问题，乃至人际交往中的一些烦恼，都是因为我们的防御系统过于僵化、刻板。**

萨特的戏剧《禁闭》中有一句台词"他人即地狱"，对于这句话我们不做更多的解释，但这里的他人其实就是指关系。我们和他人在一起时都戴着面具，这些面具也就是我们防御机制的一部分。

我们在防御什么呢？归根究底我们是在防御他人，因为哪怕是自己的亲人，也有可能会影响我们内在世界的平衡。即使我们一个人独处时，我们的防御机制也没有完全关闭，它仍然在工作着。那这个时候我们的防御机制又在防谁呢？防你内在的他人。"内在的他人"就像隐藏在特洛伊木马中的奸细一样，天长日久，你的内在世界都将被"他人"侵入。

我遇到过这样一个来访者，他正在谈一件事情，谈着谈着突然就停了下来，而后他又换了另外一个话题，你能明显感觉他谈论的内容发生了180°的转折，此时他内心究竟意识到了什么呢？

这个时候我问他："你刚刚明明在谈这个话题，突然之间就换到了那个，你心里的那双眼睛看见了什么呢？"他说："一谈这个，我就想起我爸了！"

大家有没有心领神会。这房间里只有我和他两个人，他父亲不在现场，但他心里的父亲突然迎面走了过来，所以他的内心马上启动了防御，突然转换了话题，对刚刚那个话题则避而不谈了。

其实他也知道我不会把他的话转告给他父亲，但即便如此，他内心的防御系统还是非常敏感，并处于过度激活的状态。

如果我们的心灵防御系统被过度激活，内心的"哨兵"就没有休息的时候，会一直巡视我们的内心。这些"哨兵"有些时候就会过于敏感，这种敏感会让我们很多再正常不过的行为也被"机警"地扼杀。

举例来说，为什么有些肺炎患者上午情况还好，下午就去世了？因为他们的身体启动了一种叫作"细胞因子风暴^①"的防御反应，这个时候免疫系统会大量释放细胞因子。而因为有过强的反应，免疫系统就会处于亢进的状态，把患者正常的肺泡组织都当成入侵者，不分好坏、不分敌我，全力防御。

我们的免疫系统被过度激活时，防御的后果是灾难性的。所以我们既不能没有防御系统（如果没有，任何一个小小的病原都有可能导致我们死亡），又不能让防御系统被过度激活（不然会引起像细胞因子风暴一样的焦虑风暴）。

这里我将讲述三种防御机制，分别是原始防御机制、中级防御机制和成熟防御机制。

---

① 细胞因子风暴：机体感染微生物后引起体液中的细胞因子大量产生的现象。它是引起急性呼吸窘迫综合征的多脏器衰竭的重要原因。——编者注

原始的防御机制

大多数人都能根据不同的情况、不同的关系，灵活地使用防御机制。但有一些人的防御机制特别原始，比如有些人的世界非黑即白，他们认为一个人要么好极了，要么坏透了。如果你和这样的人相处，那么在他们眼里，你一会儿是大好人，一会儿是大恶人。他们会有非常多的行动，这会让你没办法有效地与其沟通。他们的内心如同一直有着暴风骤雨一般，对他人进行理想化的褒扬或贬低。

也有些人的防御表现为否认，这种否认会达到妄想的程度。比如，明明不存在的东西，他却觉得存在；明明存在的东西，他却拼命拒绝承认其存在。如果你想同他当面对质，会发现和他讲道理是一件很难的事。明明他刚刚才说过这句话，你一提起他说过什么，他却会用"我说过吗？我没有"来否认。

所以，如果一个人总是使用这种非常原始的防御机制，他其实很难结交。但如果我们因此而指责这些人，也说明我们不太理解他们。**他们一定是在关系中经历过一些非常负面的事情，以至于他们不得不激活这种非常原始的防御。**

幸运的是，日常生活中这样的人并不多，如果你遇到且不知道怎么和他们相处，那就要注意保持距离，不然你自己的防御体系可能会被对方瓦解，最后你也会变得很痛苦。

中级的防御机制

有一些防御机制以压抑为核心，我们把这类防御机制称为中级防御机制。注意，要区分压抑与克制。压抑是无意识的，如果你知道你在压抑，通常这就是克制。克制要在意识的指导下进行。

比如我现在想去洗手间，可是街上没有洗手间，我必须要克制这种冲动，直到找到洗手间为止。这个过程就是克制，因为它完全在意识的指导下进行。

但压抑不是这样，比如一些人内在有一些攻击冲动，且这种冲动稍微有点儿过度，就可以通过压抑处理，但在缺少其他因素影响的条件下，压抑通常不会成功，就像一艘旗舰周边需要有副舰一样，压抑需要一系列的辅助机制才能成功。这些辅助机制大概有四种形式。

1. 合理化： 吃不到葡萄，就告诉自己这葡萄肯定很酸。如果做了一件不好的事情，就通过一番自我游说，把它说成是合理的，这种合理化就能让自己的内心变得平和。

2. 反向形成： 我明明想怎样，但告诉自己不要这样，比如自己明明想喝可乐，但每天都对朋友们说不能喝可乐，可乐对人体有害。这就是一种反向形成。

3. 理智化： 一件事情明明很想去做，但因为各种原因就是不去实践怎么办？那他就会用理智化的方法处理。比如他明明有性方面的欲望，可就是不想去实践，觉得性是有罪的，是肮脏的。所以他会转而研究一些与性相关的东西，这样就与性这个话题变得近了，同时也保证了自己没有实践。这似乎也不错，好像也以比较曲折、委婉的方式实现了自己的愿望。

4. 情感隔离：在同一些人讲话时，你可能会觉得他很奇怪，为什么呢？我会发现他在说到自己的事情时，哪怕是在说自己一些比较惨痛、悲伤的经历，都好像是在讲别人的事情。如果追问他那些事情背后的情感动机，会发现他讲不出来。那么，他的情感去了哪里呢？其实是去了他心里的隔离区，他把自己的情感隔离到了他也不知道的地方。

以上几个"副舰"都有利于保护压抑功能的正常运行。

成熟的防御机制

还有一些比较成熟的防御机制，如幽默、升华或利他。 如果两个人比较熟，偶尔有一些话可能会说得有点失分寸，此时另外一个人开个玩笑，那两个人的关系好像不仅不会受到损害，还可能进一步加深了。幽默不仅能有效地维护内在的平衡，还不会对彼此造成过多的伤害。

还有升华，比如一个人的内在有强烈的攻击性，但如果他正好从事拳击或散打，那这些攻击性就被升华为一种竞技运动能力。如果每个人内心的情感或是负资产都能找到并打开升华的渠道，那么也是一种比较妥帖的处理方式。

　　但要特别注意的是，升华有可能是假升华。比如利他很可能就是一种假升华，利他本身是比较高级的防御机制，但如果一个人过于利他，反而会给他人、给自己带来麻烦，让人觉得被打扰或是这个人没有原则。所以，如果不能灵活运用类似幽默、升华、利他等防御手段，这些高级的防御手段一样会成为比较糟糕、不可持久的防御机制。

第二节　舒适区悖论：不舒服不行，太安逸也不行

■　■　■　■

这一节我们来谈谈舒适区。

舒适区这个概念现在认知度较高，也比较受人认可。很多人都在告诉自己要走出舒适区，可是那些本来就不舒服的人、没有舒适区的人该怎么办？那就要寻找舒适区。

调节自己的内稳态

我们的舒适区和防御系统有关，防御就是为了避免不舒服，但有时候过度防御也会让人不舒服。那是不是可以说，一个人完全觉得舒服时，就一定达到某种理想状态了呢？当然不是。

舒服的状态可能会让人觉得无聊，让人想寻找刺激，让人直到重新进入不舒服的状态才肯罢休。这就像是一个悖论。**人究竟是应该在发现了舒适区后一直待在里面比较好呢，还是应该不断地折腾，不断地离开舒适区好呢？**

要回答这个问题，我们要借用内稳态的概念。这个概念其实来自生物学，但所有的生命体至少在维持内稳态方面是一致

的。你之所以还能正常运行，是因为你身体的各种系统在以一种非常默契的方式相互合作。这样，你的体温、血压、血液的酸碱度、尿酸水平等都处于一个合适的区间。一旦这些指标离开这个合适区间，你的生命体征就会不稳定，就可能会造成严重的问题。所以对人的身体来说，内稳态非常重要。

每个人都需要不断调节自己的内稳态，如果身体要散热，那我们的毛孔可能就会张开，并且增加出汗量。一般来说，我们的生理都有这种负反馈的现象。我们的心理也是如此，如果心理过于舒适，它就会向不舒适的方向调整；如果过于不舒适，也会向舒服的方向调整。不舒适也行，舒适也不行，人生正是如此。

生理方面，我们的身体存在着内稳态，可是如果你不呼吸、不进食会怎样？可想而知，内稳态必然无法自动、持续地循环，所以一定要向生命系统中输入一些能量。**心理方面也是如此，人的心理也不会长久地处于某种看起来非常淡定、平和的状态。理论上这样的状态还会使我们的心理自发地走向混乱，所以我们一定要输入并吸纳一些新的信息。**

而输入的这些新信息其实构成了刺激，**如果我们能较好地防御这些刺激，也就能同化它们，或可以主动改变自己的部分心理顺应它们**。同化和顺应是我们与外界交流的方式，这个外界不仅指生物层面的自然界，也指社会层面的他人。

舒服与不舒服的人际关系

理论上，我们和他人进行交流时，多数时候会感到不舒服。因为即便是一个有利于我们的人，也需要我们做出某些改变，这样彼此的关系才能达到一种自己和他人都能接受的、带有迎合性质的状态。

如果对方能够理解你调整自身状态的良苦用心，并且能以合适的方式做出回应，那彼此就能舒服地待在这段关系里。但是，如果一方的试探过程引起了对方的某种不适，并且收到对方不舒服的反馈时，那自己原本为了迎合他人而调整自己所带来的不舒服可能就会被放大几倍。这样一来，彼此的关系可能就很难维持下去了。

在外界看起来，我们好像就在这个关系里折腾，明明可以构建一种自己觉得舒服的关系，为什么要迎合、试探他人呢？其实之所以这样做，是因为我们都想在关系中感到舒服。

所以你看，舒服和不舒服是不是一种悖论？

我们明明是因为想感到舒服才试探对方，试探之后，却又变得不舒服。我经常用一个比喻来解释这一点，即人和人在互动时就像是在踩着石头过河。如果我们把在岸上时看作是在舒适区里，那我们完全可以在岸上待一辈子，但某天我们想过河，可能是因为在岸上的生活已经让我们觉得无聊透顶，想看一下河对岸的风景了。这时，我们开始打算离开。第一步只是尝试离开这个舒适区，当我们伸出脚踩上第一块石头时，内心就会感到不安，可是这种不安完全可以不去深究，甚至可以忽略，为什么呢？因为我们还有一只脚在舒适区，迈出的第一步只是增加了一些不舒适的体验和可能性。虽然我们踏出去的这一脚是在冒险，但也不必太过忧虑。

我们在踏出一脚后，如果感觉脚下的这块石头比较稳固，接下来就可以把另一只脚也踩上去。当两只脚都踩上去后，我们就在这块石头上获得了一个新的内稳态、新的平衡。

这个时候，如果我们觉得前路不够安全，想退回原来舒适区，那也很简单，只需转身一跃，就可以回到岸上。

但是，如果我们思考后觉得还是想过河，因为河的那边有未探索的地方，那里可能会更舒适，并且此时我们继续往前走会怎样？

大家小时候在乡间的小河中有没有过这样的体验——越往中间走，就越不信任脚下的石头。每一次把身体重心移到下一块石头上之前，你的内心是不是一直在掂量？你的脚是不是一直在石头上尝试？有时候你可能还故意用脚踢一下石头，或使劲地踩一下、踩一下它。或许这样一踩一踩，一块原本可以垫脚的石头就滑到了更远的地方，你碰不到它了，这样你就没有办法继续寻找下一块可以踩的石头了。这个时候如果你想退回去，可就不像在第一块石头上时那样方便了。这时我们就会进入某种困局。很多人就是因为没有提前计算清楚，或是在试探下一块石头时用力过猛，所以停在这儿。

　　同样，我们从一个舒适区到另一个可能存在的舒适区时也是如此。**我们换一个新的工作单位，或是换一个伴侣的过程，其实都是一个踩石头的过程，关系越深，下脚越重，反倒越有可能把这个地方弄得一团乱。**

舒适区与防御系统有关

　　在心理治疗的初期，来访者就像是站在岸边在看你这块石头怎么样。如果他决定在你这里继续成长，就相当于踩上了第一块石头。但不管怎么样，如果他后退一步，就随时可能完全退回去。

　　随着关系的深入，他对你的怀疑会变得越来越深。而且注意，根据前文分析过的防御机制，他可能压抑了这种怀疑而不自知。比如，他完全不是有意想离开这段关系，但他接下来就是会迟到，或是会完全忘了要来治疗，这些行为其实就代表他的防御机制已经被激活了。

　　咨询师当然希望自己能当好帮助来访者过河的石头，把他们安全地送到河对岸。我们相信河对岸会有更丰饶的生活，往往事实也的确是这样，树挪死，人挪活，人如果做出改变，大部分时候能得到更多。

　　大家知道防御机制是在什么时候形成的吗？是在我们还是

小孩子时，乃至还是婴儿时形成的。但长大后，我们不见得知道我们那么早就形成了防御机制，我们明明已经拥有了成年人的心智，拥有了外在能力和各种各样的资源，但主管防御机制的那个"领导"并没有长大，我们并不能以成人的心智来计算它对外界任何变动的敏感程度，而应以孩子的心智来计算。所以，这个"领导"可能经常会给我们带来麻烦，它会用童年时的感官、知觉和认知评价现在的生活，进而得出错误的结论，释放错误的信号。

所以，当我们提倡大家认识自己时，中间有一个很重要的环节就是不仅要向内看，也要往外看。保持内在信息交换的状态非常重要，这有利于你的内稳态保持平衡。这种平衡不是一种刚性的、贫瘠的、一成不变的平衡，而是一种可以不断调整、不断适应新环境、不断容纳更多人的平衡。这样的内稳态是最稳定的。

心理学术语中有两个词，一个叫作"flexibility"，即灵活性；另一个叫作"resilience"，即韧性或弹性。希望每个人的内稳态能够既拥有灵活性，又拥有韧性，可以充分分化，充分响应外界，**让自己内在各部门能充分、透明、及时地交换信息，这样动态的内稳态会让你拥有丰富而不贫瘠的舒适区，让你能通往更大的自在。**

虽然叔本华说："人生就像钟摆一样，在痛苦和无聊之间不停摆荡。"但我觉得这个"钟摆"并不是简单机械地在摆动，尽管它在往复摆动，但每一次往复摆动时，它的振幅都在增大，这样，我们的路就会越走越宽。

　　我也期待大家能蹚过这条看起来吉凶难料的河，去往新的舒适区。

第三节 战斗、逃跑与石化：三种重要但无用的防御机制

■ ■ ■ ■

这一节，我想和大家分享三种非常古老而原始的防御机制。这三种防御机制分别是**战斗**、**逃跑**与**石化**，它们对应的英文单词非常有意思，都是以字母 f 开头，分别是"fight""flee"和"freeze"。不仅人类有这三种防御机制，其他动物也都有，比如猫狗、小鸡、小鸭，甚至是一些爬行动物，这些机制被用来应对异常而紧急的局面。很多时候我们没办法操控自己的这三种机制，因为它们的"程序"处于比较底层的位置，藏得很深。

战斗

大家有没有观察过，动物的战斗反应是有特征性的。比如狗做出攻击姿态时，它的鼻子会皱起来，会发出呜呜的声音；而一些鸟类，比如鸡会把脖子上的毛"炸"起来。

人类做出战斗姿态时，会在短时间内分泌大量激素，心跳会加快，呼吸会变得浅而急促，某些部位甚至全身的肌肉都有可能变得紧绷。

如果我们的身体觉得预警信号消失了，这个战斗姿态也会随之解除，人体会慢慢停止排汗，呼吸也会变得平稳。可是，**如果一个人经常进入这种战斗姿态，那将对身心产生一些深刻的、不可逆的变化**。很多人患有高血压都与情绪有关。因为他们的身体经常保持着战斗的姿态，然而他们却完全没有意识到这一点。也正因为没意识到这个问题，所以他们无法对自己进行心理调解，但身体每一次都把这种战斗姿态当成真实的战争。长此以往，身体被这种激素"轰炸"了一轮又一轮，久而久之就真的会出现一些病变，而这些病变的外在表现就是高血压。

还有一些人经常感觉自己的肩颈和手臂麻木与疼痛。你让他体会一下自身，他就会发现自己的肌肉非常紧张。即使他在接受检查或问诊时处于一种放松的、非战斗的姿态，但只要一觉知自己的身体，就像得到了信号一样，身体立刻变得绷紧，好像有人要和他打架似的。天长日久，他就形成了战斗姿态的肌肉记忆。

所以，我们通过观察这些人患有的慢性疾病或心身疾病的种类，可以猜测他们的性格，甚至可以根据前文提到的关系理论和配重理论，猜出他们的父母是怎样的人。

逃跑

小时候经常挨打的人，身体会慢慢发生一些变化：要么变得很强壮，要么很孱弱。变得强壮的人会经常处于战斗状态，就好像暗中一直在绷紧肌肉一般，因此身体就变得很结实；而特别孱弱又是怎么回事呢？这其实有点像**战争或逃跑反应**，即你把自己变得特别孱弱，给人一种不耐打的印象，从而形成一种防御。

我们不能简单地把这种逃跑上升到伦理层面，认为有逃跑反应的人一定是胆小鬼。**你会发现，一些人的生活在总体上很局促，他们的生活原则就是避免任何可能出现的威胁，避免任何人际冲突。**

曾经有位来访者说，他在工作中被提拔，获得了更高的职位和薪水。按理说我们都喜欢升职加薪，可是对他而言，提升也意味着与人发生冲突的情境一定会变多，这让他坐立不安。他如何处理的呢？答案是逃。逃的方法有时候是他策划的，有时候是无意的。比如他刚好患了一种病，因为得病没有办法继续胜任新岗位。极端的是，他一到新办公室就真的会过敏，会得荨麻疹。这也的确是他无法控制的，只要坐到这个让他觉得不安全的位置，他的心理感受就会表现在皮肤上。

其实这些防御是躯体化的方式之一，只不过躯体化在这里变成了逃跑反应。如果难以胜任这个岗位，大家又都能理解，他就可以安全地退回自己的舒适区了。这种人不仅仅会从一些情境中逃跑，他们的人生也会以这种逃跑姿态进行着。

喜欢逃跑的人有可能会遇到一些具有**攻击性**的人，当这两种人相处时，具有攻击性的人有可能变得更容易攻击喜欢逃跑的人，因为他觉得攻击他更容易。但有人可能会问，在某个关系里扮演逃跑角色的人，**是不是在所有的关系里都扮演逃跑的角色呢？那倒不一定，他也可能在其他情境中扮演攻击的角色。**

一个人可能在工作单位里比较懦弱，总是唯唯诺诺的，但等他回到家里，却会随心所欲地发脾气，把自己身边的人都逼出逃跑反应，这样的例子其实很常见。如果一个人是这样的，他的妻子或她的丈夫就很有可能会以逃跑的方式完成配重。因为如果两个人都具有攻击性，那两者相遇必有一伤。为了大家都能正常生活，一方攻击，另一方就会逃跑。

石化

攻击型与逃跑型的搭配在两个人没有孩子时可以维持，最多是邻居们多忍受一下他们吵闹的噪声。但如果有了孩子，**他们的孩子很有可能发展出石化的反应。**

石化是什么意思呢？就是人变得像石头一样呆滞而无情。试想一下，如果在一个充满焦灼、愤懑、恐惧、不安这样的情绪环境中，你会选择采取怎样的防御姿态？而且这时你没有办法逃跑，也不可能和对方战斗，你会如何应对？最有可能采取的方法只会是把自己变成石头，不再有情感，这样就可以杵在那里，变得像个石头一样，可能就不会再有人来找你的麻烦了。

就像一些动物在无法逃跑也无法战斗时会进入假死状态一样，很多动物特别擅长假死，一被拎起来马上就装死，甚至脊背摸起来很松弛，像是真的死了一样。但一旦把它放在一边，过一会儿它就会迅速起身逃命。

很多长期身处不和睦家庭环境的孩子学会了石化的防御方式，遇到那些充满不安或混乱的情境，他们就让自己像石头一样不做任何反应，以便从暴风骤雨中逃生。想想看，如果这种防御变成了一种风格，发展成为一种姿态，最后扩展到其整个人生，那这个人就彻底变成了一块"石头"。

我发现有一些来访者在工作时很容易感到无聊，他们整个人显得没有什么活力，或者说他们缺少一点儿作为人类的情感。因为他们已经通过自我调整系统，把自己几乎变成了真正的石头，所以哪怕他们因为抑郁来求诊，也让人感觉不到抑郁的症状，好像整个人都变成了一个抑郁的符号，连他的情感也变成了一种符号，完全不再发生变化了。

"石头人"在这三种防御风格里的能力等级其实最弱，如果是战斗，你还有力量；逃跑也需要你有力量。人格中只要有力量，就总是可以被引导到一个能实现升华的出口。但如果这些力量都消散了，或被深深地埋藏了起来，那表面这一层硬壳就会阻碍这个人呈现人类应有的活力。**"石头人"看起来可能是正常的，但看起来正常的代价就是失去了生命力。**

有些人很困惑为什么在某些情境下，他的伴侣或是身边的同事会有某种情绪反应但他却没有，而且他也完全意识不到自己的压抑。这可能是因为每天的工作让他变得像机器人一般，让他即使在生活中也像是个机器人，这也属于石化的表现形式。

我想，其实没有人会真的喜欢和"石头"待在一起，和这种人相处久了，我们的人生道路其实也会变窄。**但我们要相信，在这块"石头"的内部，其实躲藏着一个瑟瑟发抖的小人儿，或许不只是一个，而是一群小人儿，我们要通过非常艰苦、耐心而细致的唤醒工作，让他们的灵魂重新恢复活力，最终不再需要用这种石化的方式生活。**

第四节　眼里的别人其实都是自己

■　■　■　■

现在我们来分析投射。投射正被广泛地应用在生活当中，最常见的例子是胶片电影，我们都知道屏幕上本来什么都没有，但当放映机上的胶片转动起来时，电影就呈现在银幕上了。

你看到的世界是自己内心的投射

我们的内心其实也以投射的方式看待世界。**我们会用投射加工这个世界，让世界看起来是我们熟悉的样子**。

当见到一个新东西时，你有没有留意过自己究竟是怎么理解它的用途的？小时候第一次看到电冰箱时，我们并不知道电冰箱是什么，这时就会通过把它和自己熟悉的事物进行对比，猜测它的大概用处：它是一个金属做的箱子，是一个能够储物的箱子，手伸进去像雪一样让人感觉很凉爽，等等。合成这些信息后，我们才能理解新的事物。

同理，我们遇见一个陌生人时，也不会将其当成一个全新的人来看待，我们一定会把自己对以前认识的一些人的情感、愿望、印象和冲突或多或少地投射到这个人身上，这样才能将其纳入自己的世界。

投射的消极方面

我们对人的感知非常容易受投射机制的影响。也就是说，我们无法真正看到人和事物的真实面目，**我们对周围人的所有印象，都已经经过了我们投射和加工。这是投射的消极方面。**

正因如此，我们会看到一些人好像在不断地重复他的生活。比如他和一个异性交往，并在交往的过程中渐渐地失去耐心，甚至产生了强烈的反感，那他可能就会切断和这个人的关系。

然后他会换一个人交往，可这会是一个全新的开始吗？过不了多久，他就会发现熟悉的气氛、熟悉的味道卷土重来。时间一长，他甚至会发现对方的一些生活习惯，乃至一些不容易留意到的细节，竟然和旧人相同。

这究竟是怎么回事呢？**原来我们的心里储藏了一些对于我们重要的人的模板，我们每天都在用这些模板观察、探测、接触其他人。**正因为这样的投射机制，我们才会觉得每天一觉醒来，这个世界仍然是连续的、熟悉的，也就是我在前文提到的内稳态和舒适区。

在这里我稍微解释一下，哪怕你每天醒来所面对的人很糟糟，可只要这样的糟糕感是连续而稳定的，那它仍然能在你的内心制造不太合理的内稳态和舒适感。这也是**一个人离开一个他觉得差劲的人后，极有可能再找到类似的人的原因，因为人的内在对内稳态的需求已经超过了对自身的发展需求**。

前文谈到过，我们想发展自己，其实需要不断地破坏自身内在的稳定。可是，投射机制会把我们局限在一个熟悉的环境中。它就像一个看不见的球体，让我们对世界的印象被局限在这个球内。设想一下，你所看到的世界并不是一个广阔的平面，而是一个封闭的球体。无论你往哪个方向看，目之所及，只有你熟悉的东西。

读到这里大家会不会觉得有点儿悲哀？这是一种多么深刻的孤独感啊。

所以，从消极的方面来讲，我们应该充分地认识到投射机制在我们的生活中所制造的麻烦，以及我们正在多么贪婪地使用着投射机制。**如果对方变得有点儿不像我们认为的他，我们甚至会继续投射，使他在我们的眼里变回原样。这也是为什么在关系中，两个人会用相互投射作为配重维持关系的稳定性。**

投射可以是单向的，但日常生活中的投射更多是双向的。你像我的旧人，我像你的旧人，我和我的旧人之间还有一笔账没有算完，而你和你的旧人之间也有一段纠结还未理清，所以我们的结合就是要把那些没算的账再仔细地算一遍。这是不是很可怕？

投射无处不在，比如我们的梦。做梦时我们同外界没有接触，我们的感官也是关闭的。这时我们仅面对自己的内在世界，也更容易呈现一个真实的自己。

一些人在做梦时会被梦中的一些形象吓到，其实这就是被自己的一部分吓到。我们可以通过一个人梦中的情节、内容、气氛、情绪理解这个人的内心。因为梦几乎百分之百是内心的投射，它几乎没有被外界纠正过。

一个人在梦中可能变成与日常生活中完全相反的一个人，比如他在白天是一个非常温文尔雅的君子，而在梦中变成了一个怪兽或一个残暴的人。用我们前文讲过的配重理论来分析，为什么晚上梦中的气氛会与白天截然相反，梦中的人格会与自己的主导人格截然相反？可能是因为他的梦正在为他的日常进行配重。

当我指出，他梦到的所有人其实都是他自己，他是这个梦的总导演时，他会觉得不安。因为这会让他认为自己在白天的人格不是真实的。但如果考虑整体，他白天的人格和在梦中的所有人格，其实是在相互配重。

正如我在上文中提到的，你白天和不同的人互动时，在使用不同的机制。在投射作用下，你会为了呼应对方而形成一个合适的面具。所以，其实你日常生活中的人格也是由一系列投射形成的。

投射的积极方面

人的内在真的很复杂，**但通过投射，我们可以找到不同层面的自己，这就是投射的积极方面。**想完全不对其他人或物进行投射，像一个中子星或一个黑洞一样，让外界完全看不到你，也不向外界送出任何信息，几乎是不可能的。

当你和他人互动并不断投射时，你也在不断优化自身。可能你这样进行的优化是片面的，因为和你互动的"他人"可能也正被局限在一些特定的面具里。所以我主张要多和不同的人进行互动，因为和不同的人互动会获得不同的投射，从而外化自身内在不同的部分。你的内在变得越来越丰富，你能见到的自己也就越来越全面、真实。

当我们的内心慢慢有了勇气后，可以尝试和那些我们原本不喜欢的人接触。**为什么会不喜欢他们？是因为他们投射了我们人格中的黑暗面，或者说他们投射了我们的阴影。**

阴影也是我们的一部分，如果要更深入地认识自己，并且想通过这样的认识尽可能地走向圆满，我们就不能把自己的阴影置之不顾，要学会主动走向那些我们反感、排斥的人。

当你迈出这一步，尝试与那些你排斥的人相处时，你要留意自己的内在有什么东西被激活了，你的内在有怎样的变化。这是一个由舒适区向不舒适区迈进的过程，这种迈进势必会使内在发生调整。而通过观察我们对待这个调整的方式，可以反推出我们的内在还有什么。**所以，当一个人的内在逐渐变得强大时，他可以接触的人会逐渐变多，这种与人接触的过程，就像是在茫茫人海中，不断寻觅自己的人生片段一样。**

　　人本身拥有无限的可能性，但当我们出生于某一个家庭，就有可能因为过度认同家庭局限了自身。一开始我们的人格主要在和家庭成员配重，并且执着地认为从这时的配重中所得到的就是我们的全部。当见到家庭之外的人时，我们会用投射在固有框架里认知他们，这就导致我们的人生被种种因素所局限。

第五节 我很敏感怎么办

■ ■ ■ ■

谈到"敏感",我有一些困惑,因为我不确定敏感现在究竟是一个褒义词,还是一个贬义词。我的孩子在幼儿园老师那里获得的评语就是敏感,这让我琢磨了很久。在美术老师那里获得的评价也是敏感,我又琢磨了很久,以至于现在说到敏感这个词我都会变得敏感起来。

什么是敏感

敏感是防御系统的响应标志。我们作为一个有机体,响应外界的事物是很正常的,完全不响应外界的肯定是没有生命的个体,或是像前文说过的出现石化反应的人。但敏感和另外一个词"敏锐"之间的界限究竟在哪里?我们要仔细分析一下,让我们的敏感恰到好处。

一些人好像有一点儿"过敏"。比如,两个人聊了一些很中性的话题,其中一方可能在出门时就已经完全忘掉了刚刚的那些话,但另外一方可能在心里思考了很多,认为自己感知到了很多东西,听出了很多弦外之音。

这种情况下，思考得多的人的身体会有一些不舒服，然后会想到很多事情，甚至在和对方切断关系后，也还会不断回味这件事情。这种回味甚至会勾起有类似情感的一些陈年往事，然后这个人就会坐立不安。

这就是一种比较亢进的反应体系。这种人的内心好像没有休息时间，除了在睡眠状态会有短暂的停顿，他在其他时间似乎会时刻留意周围的一切。

敏感源于既往的生活经历

为什么有些人很敏感呢？这一定源于他们既往的生活情境，他们所处的外在环境需要这种随时运作的监控状态。这种敏感就好像是一种开机后可以自动运行的程序，这个程序对某些人而言，需要的补丁越来越多，占用的内存也越来越大，最后的结果就是系统完全没有办法运行其他软件了。

在职场中，如果领导对他们的评价不是完全的好评，或是还有所要求，甚至含有某种敌意，那他们的防御机制就会处于非常活跃的状态，整个人会变得极其敏感。你可以想象，在这种情况下，他们还能剩下多少认知资源用来做本来应该做的事情呢？

在亲密关系中，如果两个人走得足够近，都离开了自己的舒适区，这其实对双方来说都有点儿冒险。这种冒险就像两个人在踩着石头过河，同时从各自的岸边走向河中间，快走到时，脚下的石头变得越来越小、越来越滑，同时这两个人对危险的焦虑以及对未来的不确定会被交互放大，两个人的系统都变得非常亢进、非常敏感，最后导致关系破裂。

所以，如果你发觉自己也过度敏感，就要思考你是不是曾经生活在一种必须要变得很敏感才能生存的环境中。

对外界的信息敏感

我发现有些人的敏感特质是对外的，他对外界事物和信息比较敏感。比如，我有一个来访者，我们通过视频的方式完成咨询，如果我这次咨询前从背后的书架上取下一本书，下次咨询前又放回去，他就会注意到，而我自己可能完全不记得这件事。我很好奇他怎么会有这么敏锐的观察力，询问后才知道，原来他小时候在托儿所时，每天都只能躺在一张小床上看着天花板。天花板上的任何变化他都会观察到，比如今天一只蜘蛛在织一张网，最终练就了出众的观察力。

还有一些来访者对我的状态非常敏感，甚至能预测到我即将感冒，但当时我一个喷嚏都没有打。这可能是因为他小时候的照料者——他的母亲，比较体弱多病。母亲一旦生病，家里往往会一团糟。父亲可能也会很生气，因为他觉得母亲生病了，不能像平时一样做家务，而他又不会做，家里可能会变得很乱。孩子也会因为父亲的脾气变得惶惶不安。

后来，每当家庭成员有疾病时，他都处于非常负能量的状态，这导致他对这样的情境发展出了很强大的配重方式——"我要提前预知母亲的感冒"，以至于他真的可以感知他人在发病前的健康状态。

有的来访者是学生，他每天放学回家，只要在楼下喊一声"妈"，就能根据母亲在几秒或几十毫秒后做出的回应，比如母亲的音调，来判断今天母亲的心情。

还有一些来访者对任何批评性的态度、音调，乃至隐藏的用意都非常敏感。作为咨询师，我有时候对来访者也会有一些个人情绪，我们都是人，有各种各样的情绪也很正常，而当这些来访者指出我内心的情绪时，我会很惊讶，因为在被指出前，我完全没有意识到这种情绪。但事后想一想，会觉得他说的好像有道理。

对自己的身体和情绪敏感

也有些人对外界没那么敏感，但对自己的身体和情绪非常敏感。有些人容易出现过敏症状，而且他的过敏症状总是与自己的情绪有关。比如，如果处于某种应激状态，他可能会长荨麻疹。

还有一些人总觉得自己好像生病了，时时刻刻都关注自己的身体。如果过度关注自己的身体,你会发现身体的确偶尔会有一些不对劲儿。比如你感觉肠子里好像有气体在慢慢地游走,你只要"盯"着它觉知,过一会儿就会觉得肠子似乎都不动了。这就像是一种精神、心理、身体的交互作用。

当一个人逐渐变得敏感时,就会放大一些现象。不信你可以做个试验:请不要想象一只白熊,请不要想象一只白熊,请不要想象一只白熊……连续念108遍然后走到窗边看蓝天,可能你发现满天都是白熊,因为这时你对白熊已经很敏感了。

如果我们对自己的身体格外敏感,就会在身体里找到各种不舒服的地方;如果我们对自己的情绪格外敏感,比如读了一篇测试抑郁的文章,然后对照着这篇文章自查,那我们一定能找出自己与文章中抑郁特征的吻合之处。所以对身体和情绪的过度敏感的确会为我们带来很多麻烦,让我们自己吓自己。

特殊的敏感——无感

还有些人好像对什么都没反应,表现出一种无感。他们是真的天生神经不够敏感吗?那倒也未必。如果你回溯这些人的生活经历,你会发现其实他们是有过敏感时期的。但也许他们处于敏感时期太久了,所以决定关闭感觉通道,这就好像自身的防御机制由过度敏感的1.0版本变成无感的2.0版本。

当他们把所有的闸都关掉时,又要如何调动反应呢?你可以想象，如果他们在面对外在世界时变得很无感，会遭受多少麻烦？他们在人际间没有办法探测、聆听那些正常范围内的信号，听不出那些弦外之音，可能没有办法与人正常沟通。你可以想象他们在这个社会上的路肯定会越走越窄。

还有些人，他们把对内的敏感也关闭了，结果就是身体变得麻木、僵硬，这些人也完全不知道自己处于某种亚健康的状态。有可能隔了一段时间不见，你会非常吃惊地发现这个人看起来像是生了什么大病，但他自己却浑然不觉。

充分地发展觉知

那么，我们如何发展更合适的防御系统呢？**答案是充分地发展觉知**。

处于每种情境中时，我们都要有意识地觉知投射是怎么发出的，我们侦测到了怎样的人际间的信号或身体的信号，这个信号又激活了我们内在的何种防御机制，我们又如何动员了这种机制，而被动员的机制在多大程度上夸大或扭曲了现实，进而让我们呈现过于亢进的敏感反应，或是过于麻木的无感反应。

不过你要知道，做这样的练习需要一点儿勇气。因为如果你每次都采用同样的防御方式，你可能会不自觉地进入某种舒适区或安全区。这个舒适区或安全区可能比较局促，你待在里面像是把自己关在一个密闭的房间里，虽然熟悉且安全，但它是封闭而狭小的。

如果你告诉自己要多看一眼你本来想回避的人，哪怕你没有再向前走一步，只是站在原地多待一秒，其实这种想法本身也是需要勇气的。所以，**我们要用勇气多停顿一秒，看一看自己的防御系统是在正常地运作还是在恶性地运行。**

所以，从敏感到敏锐的过渡，可能不是看一本书就能实现的。如果你处于 2.0 或 1.0 的模式，想回到一种比较敏锐的、有弹性的防御状态，那么这个过程所需要的时间可能要以年计，所幸我们是有希望的。

第六节　拖延

■　■　■　■

这一节我们分析拖延，拖延也是当下热议的心理话题之一。

举个例子，一个人如果因为什么事情来问你或咨询你，那这个人很可能就有拖延方面的问题。试想如果他完全不知道该怎么做，他也不会来求助；但如果他知道该怎样做却又没做，就是有拖延问题。这么来看，其实大部分人都有广义的拖延症。

拖延也分好多种，每一种都有各自的理由。一个人拖延得越严重，说明其所需要配重的情境越艰难。也有比较特殊的拖延，比如大多数人在即将进入非常危险的情境时，一定会想方设法地拖延到最后一秒。

拖延的原因

有一些人的拖延会表现在生活的方方面面，好像他整个人都处在一种拖延的状态。从早上起床，他拖着不起；晚上睡觉，他拖着不睡。没有什么事情不拖延，哪怕是有人发钱，他也懒洋洋的、不想去领。

如果一个人在生活的方方面面都表现出拖延，我们有理由怀疑其存在一些内在的、隐秘的抑郁情绪，这种抑郁不一定到了可以称为抑郁症的程度，但它会降低人的内在活力。如果人内在活力的总量太低，就会很自然地呈现具有广泛性的拖延。

如果只是在某一类事情上拖延，那就有必要研究一下，为什么这个人并非在所有的情境下都处于拖延状态。每一种拖延都有一定的道理，也就是拖延有理。人类和大部分的动物不同，大部分的动物不会拖延，它们想干什么就会去干。拖延这件事，需要大脑复杂到一定程度才能完成，比如能够盘算当下正在面临一种怎样的情境，这个情境里存在着怎样的挑战，目前的资源如何，用资源应对挑战的胜算如何，等等。经过这样一番盘算后，才会认为自己可以晚些再采取行动，才会选择或决定拖延。

所以，拖延其实是一种比较高级的防御机制，它需要将多种比较简单的防御机制组合起来。接下来，我们共同抽丝剥茧，分析所谓的"拖延有理"究竟有什么理。

拖延有个实实在在的好处，就是只要你不做，其实你就保持了一种连续性。我在前文提到过，这种连续性是一种舒适区。对于一些人而言，哪怕是将要被升迁，哪怕是要去一个不错的地方旅游，哪怕是一个正向期望，也是对连续性的打断。

不同的人对打断连续性的接受程度是不同的。有些人对连续性有着非常执拗的要求，比如换一张床睡觉会睡不着，换个地方吃饭会水土不服；而有些人在这方面就没那么敏感。

拖延就意味着可以维持当前的连续性。哪怕这种连续性只存在于幻想中，也一定要维持。所以拖延可能包含了一个人无法割舍的某种问题。

举一个非常极端的例子，有一个参加高考的考生，他模拟考试时的成绩一直不错，但到了高考时就考不好，并且连续失败三年。这样做其实就是一种拖延，因为无法割舍自己原先的生活状态。

除了无法割舍之前的生活状态之外，拖延还有一个较为普遍的原因，就是害怕成功。不拖延你就可能成功，而成功也就意味着要和过去的自己说再见。即使成功在外人看起来，或是在你自己的意识里，都是很值得追求的，你也可能会害怕成功。

因为成功可能会带来很多方面的问题。除了刚刚阐述的会失去连续性之外，取得成功后，别人的期待会提高，如果无法承载这样的压力，那很有可能就会拖延着不去成功。

拖延的人还有一个重要原因：不是害怕成功，而是害怕失败。他们会认为，如果我做某事失败了，别人会怎么看我，会不会认为我"能力好差，不要交给他做了"。但如果我一直拖延，拖到那件事可能不需要做了，或被别人做了，我就不会被别人认定为失败者，因为我只是没做，而不是做不好。所以，如果特别害怕失败，也会造成拖延。

另外，还有一个更糟糕的原因：不是害怕会失败，而是已经认定"我"就是个失败者。极端情况下，不只我自己认定我是个失败者，最好大家都认定我是个失败者，这不就是一种连续性吗？这也会让人觉得舒适。

如果你做事总是在拖延，别人就会说"你看你这个人，交代给你的每一件事情你都做不好"，在这样的评价下，你可以继续安全地待着，这也是拖延的动力之一。

还有一种在生活中出现得比较多的拖延原因，叫作被动攻击。如果攻击是主动的，那可识别性很高。比如，一个人毫无征兆地大声呵斥甚至是辱骂别人，对方可能马上会被诱导出愤怒的情绪，冲突就会直接爆发。但被动攻击不同，被动攻击不一定看得出来，它可能需要一段时间才能被发现。你交代我的事情我就是不做，因为我对你有意见，我不想成全你，所以我就一直拖延，以此连累你，让你处于不利之中，这样我的目的就达到了。

这种情况下，我没有主动攻击你，但我通过拖延你交代给我的事情，间接地攻击你了。举个例子，有时候孩子在家庭中会有拖延的行为，这其实也是一种被动攻击，因为孩子对父母不满，但又不敢直接让父母不舒服，所以就会用拖延把压力传递给老师，这样老师肯定就要找家长，孩子被动攻击的目的就达到了。

所以你会看到一些孩子为了能够让家长不舒服而拖延。这样的孩子甚至在长大后依然习惯于童年时期形成的这种防御方式，他可能会把领导当成自己的家长，用拖延的方式实现对领导的被动攻击。这种拖延通常被精心计算过，肯定会在任务的截止日期前、最后通牒前马马虎虎地过关，因为如果任务不过关，那他之后就没有被动攻击的机会了。所以，如果你是这种下属的领导，你可能总是处于被攻击的状态，会觉得很不舒服，但又挑不出对方特别大的毛病。

还有一种更为广泛也更为深刻的拖延原因: 如果被要求做的事情，甚至是你要求自己做的事情，和自己的价值观不符，那么你的内在会不断地释放抗拒的信号。

或许你会说: "我根本不知道我的价值观是什么。" 那你可以观察你在哪些事情上会有拖延的行为，那些拖延的事情一定和你的价值观背道而驰。**所以，你可以通过观察自己拖延的事情反推自己的价值观。**

比如一个内向的人，他的精神能量以内倾为主，如果你把他放在一个需要不断和人打招呼、打交道的位置，他可能就会出现抗拒和拖延。这是因为这个位置需要做的事和他的价值观不符，他不认为和人打交道是有价值的，他可能认为独处的时光更有价值。**所以，如果你发现某些事情占尽天时、地利、人和，十分适合推进，但你却一直在拖延，那么这很可能是一个帮你反向思考自己核心价值观的机会。**

拖延的积极影响

一提到拖延，大家首先想到的大多都是一些消极的影响，那么拖延有没有积极的影响呢？肯定是有的。拖延的存在使很多可能出现的危险情境被一再延后。**所以拖延也有积极的影响，它会让人不自觉地三思而后行。**

一个人在形成三观的过程中，会进行很多尝试，会在尝试中思考：人生的意义是什么，如何让自己的生命能量全部投入到真正对自己有价值的事情上。所以，这些拖延现象在冥冥中为他保驾护航，使他朝着最合适的方向发展。

如果你早就过了形成三观的时期，却仍然在很多时候会有拖延的行为，那就要好好地想一想，你究竟认为什么事情是有价值的、肯定不会拖延的？

拖延现象其实是一个自知的机会。通过自知，我们可以明确自己的价值观，然后做符合自己价值观的事情，这样我们才会主动采取行动，而不是被人推着行动。所以大家应该善用这个机会。

第七节　自闭防御

■　■　■　■

自闭防御是什么

　　自闭在作为防御时，并不是指真正的自闭症或自闭症谱系障碍等非常典型且主观难以自控的病理性现象，虽然现在大家对自闭有了更多的了解，会把它理解为一种人群的现象，而不是个别人才会有的或是极端的病理现象，但自闭在作为防御时，是由人主动选择的。

　　有些人似乎有一种偏见，他们认为好像只有性格外向的人才具有健康的人格，事实并非如此。有些人的精神能量天生更专注于内在世界，他们是性格内向的人，而且他们也不存在自闭谱系障碍这种病理性的问题。虽然他们的内向性格在某种程度上起到了防御的作用，但集中于内在世界对他们而言是一种非常正常的现象，绝不是防御。

　　人的自闭防御是一系列防御方式的组合，而不是一种单一的防御方式。自闭防御不是战斗，并不是让你躲到堡垒里边，然后伺机攻击别人；也不是逃跑——其实它已经完成了逃跑的阶段；更不是石化反应，因为它没有关闭自己的情感与感知。

一个人处于自闭防御状态时，他的情感可能仍然是很敏锐的。这些情感就像是一种在不合适生长的条件下会形成芽孢的细菌，身处那样的环境时，细菌看起来仿佛停止代谢了，可是它的生命物质会完好无缺地保存在芽孢里，芽孢表面有一些可以探测周围环境的蛋白质，当探测到周围环境适合生长时，它们就会重新分裂，让自己"活过来"。所以，自闭防御是指生物在某些万不得已的情况下，牺牲某种活力和与外界的接触来换取比较稳定的内稳态。这种内稳态虽然看起来死气沉沉，但却是保存生命活力的重要机制。

恐惧目光的原因

在我的咨询经历中，有一类来访者具有恐惧目光的特征。

一般来说，我们在和别人说话时，眼睛会看着对方，会有眼神的交流。**可是有一类人很恐惧目光接触，面对心理咨询师时也不太敢看咨询师的眼睛。我在研究了这个现象后，将其归纳为以下几种类型：**

类型一，他们害怕吸收某些负面的情绪。他们在看着咨询师的眼睛时，仿佛感觉在被批评或指责；把目光转开，这种被批评和指责的感觉就消失了，他们害怕吸收某些负面情绪。

类型二，他们怕不好的想法显露出来。他们觉得自己很肮脏、很龌龊、很糟糕，看别人眼睛时，一些不好的想法就会跑到对方那里。为了不污染别人或是不被别人看到自己的阴暗面，他们不会直视对方的眼睛太长时间。

类型三，怕好的特质被发现。有些人会将自身的一些优点视为秘密，这些秘密与羞耻无关，而是与自己的优秀有关。如果对方看到自己的优秀，可能会对我有些不利，所以我要藏起我的优秀，不让别人看到。或许很多人完全无法理解这种防御方式，怎么会有人怕别人发现自己的优秀呢？你要知道，所有的防御都是有道理的，他们一定是以前在这方面吃过亏才会这样。

类型四，怕感受到好的情绪。这种类型比较难理解，他们知道你看他们的目光是和善的，甚至是共情的、慈悲的，可是他们觉得自己受不了这些，温暖的眼神会让他们觉得自己消失了、不存在了。

心理咨询师的经历就是这么奇妙！你能通过心灵的窗户，看到另外一个"世界"，那里可能藏着一群小人儿，他们有各种各样的经历、各种各样的故事、各种各样不得已的过往。

自闭的原因和代价

如果与人保持一段距离，内心世界的这些小人儿就可以安全地待在某个舒适的地方，这就是人们会出现自闭防御状态的原因。日常生活中人们并不容易发现这些人有什么特别，因为这些人发展出了一种适应外部世界的方法。

举个例子，比如恐惧目光接触的来访者，他对此就有自己的应对办法。比如开会时，他不会看别人的眼睛，会看向对方双眼之间的位置，而对方其实觉察不出来这一点。这就是他发展出的适应外在世界的方法，是让别人不会发现他内在的那些小人儿的方法。这样做的好处是，别人会觉得他没有什么问题，他看起来很正常，与人接触时也很自然。

从正面的角度来看，他的适应性完全没有降低；**从一个相相对而言负面的角度来看，如果适应外在世界的方法发展得太顺畅而形成了一个适应层，他的内在世界就失去了联结别人的机会。**他适应外界的方法让他发展出了一个适应层，但这种适应方法可能会让他习惯性地拒绝进入亲密关系，适应层的适用性很可能令其一直保持孤独。

其实自闭的代价之一正是孤独。对大多数人来说，孤独是非常难以忍受的。试想如果一个世界中只有自己或是自己的某些碎片，那这个世界该有多么荒芜。在自闭防御机制下，人内在需要和他人接触的部分是无法得到滋养的。

话说回来，为什么他需要把自己的内在藏起来呢？

这是因为他启动了前文提到的投射防御机制。他觉得别人可能会入侵自己精心保护的内在世界，打乱他的内稳态，或者毁掉他熟悉的感觉。

这样一来，如果他长期处在一个足够稳定的环境中，保持他的适应层并在这个适应层里持续投射，那他人生中所能遇到的机会将变得越来越少。

如果因为某些打击或突如其来的变故，他的适应层出现了裂痕或消失了，他就会每天都觉得好像有什么东西不对劲儿，会很想逃离这种异样的感觉，或重新建立自闭防御。这个阶段的人既渴望与他人接触，但与他人接触时又会感到不适，因为理论上来说，同他人接触增加了保持内稳态的难度，这种内稳态被打破的感觉会给他带来恐惧，会削弱他的存在感。

面对这种恐惧，一些人会一步步地退缩，然后彻底把自己藏起来。很多有心理疾患的人都会有一段社交的疏离期，在这段时间内，他们会渐渐从社会中隐退。在其身边的人看来，可能觉得他们只是和日常状态相比有些变化，觉得"这个人怎么最近越来越懒了，你看都不出屋了"或"这个人怎么不工作"。

其实，这种表现证明他们在飞速地退回自己的世界。当防御心理发展到这种状态时，就已经远远脱离了适应性的范围，几乎可以断定为病态了。

一个细胞在癌变前，它的表面蛋白会发生一系列的变化，它身上很多与其他细胞交流的信号蛋白会消失，之后就变成一个"特立独行"的细胞漫无目的地狂奔了。人也是这样，如果病态的自闭防御被自己藏起来，最终得到的结果只能是恶化，而不是修复。

如果我们自己能有所察觉，发现我们没有这样或那样的问题，那么我们可以将修复自己所需要的暂时性自闭视为积极的闭关。在人生的很多的阶段，其实都需要主动地去做这样的自闭，以此恢复内稳态，重新进入舒适区，然后再以舒适区为基础，重新踏上征程。

第八节　理智能解决情感问题吗

■　■　■　■

接下来我要分享的这组防御机制都与理性有关。

理性这个词常被当作褒义词，理智、理性通常也是在形容一个人的积极特质。

正是因为社会层面对理性有着这样的印象，所以很多人在使用这组防御机制时，可以做到自我协调，也就是说，他觉得他本来就应该这样。一个人难道不应该理智吗？一个人难道不应该遵循理性吗？一个人难道不应该讲理吗？这种想法其实会给他的生活带来很多麻烦。

通常我们讲理智时，都会把它和情绪相对应，用情绪化形容一个人可能会带有一些贬义，因为它会让我们联想到一些歇斯底里的画面。可是如果把情绪和理智对立起来，这些理智或理性难道真的就是可靠的吗？

理性防御机制之一：合理化

合理化这件事，小孩子大概在四五岁时就会了。如果你发现他犯了什么错误想要批评他，你会发现一个小孩子能把他自己的错误论证得似乎很有道理，这其实就是合理化的典型表现。

　　一般来说，人的大脑喜欢有序的东西，但如果某些东西的确存在矛盾怎么办？这时人的大脑会欺骗自己，在脑海中将其合理化，给它一个补充说明，证明那种情况下自己还是对的。情形 A 中我做的事情是对的，情形 B 中我做的事情还是对的。总而言之，我是理性的，我并不盲目。

　　一个人如果出了一点儿小差错，他可能会一定要把这个差错纳入正常化的序列。哪怕是他犯了比较严重的错误，也一定要合理化为"我这是在进行一场比较重要的实践"，以这样的方式避免体验内心的不一致感、冲突感，甚至羞耻感。

　　一般来说，如果我们当面指出一个人的不合理之处，对方的反应很难是坦诚地承认"我的确欠缺考虑"。但是，一些人也会用经过合理化的、非常细致的论证逻辑保护自己免于体验冲突感或羞耻感，可是这种合理化的结果真的能够使对方信服吗？肯定不会，不论他的说辞听起来多么合理，其实他的心中也会认为这件事情并不那么理所当然。

　　所以，如果我们非常机械、刻板地使用合理化，其结果可能是我们隔离我们自己和自身的体验，也隔离我们和别人的体验。

理性防御机制之二：隔离

隔离是一种重要的理性防御机制。如果一个人遭受了一些情感方面的危机或障碍，有一种处理方法就是使自己与情绪方面的脆弱、混乱，乃至崩溃之处隔离开。

所以你会看到有些人虽然经历了一些比较重大的变故，但是他整个人看起来好像情绪很稳定，仿佛这件事和自己无关。在外界看来，可能会认为这个人很坚强，但其实这是因为他们没流露出与情境对应的情绪，而这通常是采取了情绪隔离的结果。

一个人启用隔离的防御机制，通常意味着他的内心其实难以承受那种情绪。如果他受得了，为何要匆忙地建一堵墙？所以其实他动用隔离也就在告知外界：我碰不了，拜托你也不要碰它。

如果一个人仅仅是临时碰到了某种情境，那么他对其进行隔离其实是一种比较积极的防御机制，因为他要保证自己的内稳态，进而才能进行一些处理。如果他一下子慌了，内在忽然崩溃了，他的认知资源就会被这些情绪占用，他就很有可能会倒下。

列夫·托尔斯泰曾说："幸福的家庭都是相似的，不幸的家庭各有各的不幸。"一些人的童年简直糟糕得超过最优秀的编剧的想象，如果一个人在生命早期经历了太多的不幸，那么他幼小的心灵会选择怎样的方式来处理这些洪水般的情绪呢？因此隔离就变成了一种惯常的方式。他们可能会比较正常地长大，认知功能也没有受损，可能看起来也像个正常人，但当你和他近距离接触后，你会发现他好像没有什么情感。

如果他们从事的工作刚好又不需要多少情感，那结果可能还好。但当他进入亲密关系时，即使不是异性关系，只是有些亲密的人际关系，他也会遇到问题。因为每一种亲密关系其实都会面临一种情绪的扰动，这些情绪扰动，哪怕是正向情绪的扰动，在那些用惯了隔离的防御机制的人看来，都是一场劫难。所以他们的人生几乎注定会变得比较干枯。

隔离一旦变成一种固化的、长期的应对策略，毫无疑问就会对一个人的自我认知产生障碍，他会认为自己的一切都是正常的，也不需要有情感。

理性防御机制之三：超理智化

隔离通常和理智化的机制配套使用。你会发现这样一些人，不管你和他们谈什么，他们首先就是处于隔离的状态。除此之外，他们还会用各种理论应对你，这些理论看起来也都很有道理。你和他谈论创伤事件，他就会告诉你创伤有 A、B、C 三种理论；你和他谈丧失，他会搬出丧失理论的 A、B、C；你和他讲一个人可能会使用理智化的防御机制，他可以马上告诉你，理智化的防御机制是在某年由谁第一个提出来的。

这样的人就好像一台理论的复印机。如果他只是在理智方面比较强，那这种超强的理智可以成为其优势；但如果他整个人已经化身为理智功能，那这其实很糟糕。

我以前以为，如果一个人从事的行业对理智化的要求比较高，这个人应该会比较理智，后来我发现不是这样的。我曾经在某名校的大学生心理咨询中心工作，在这段工作经历中我发现，各个专业的学生都有可能存在各种各样的心理问题或障碍。即使像哲学这种非常偏向逻辑的专业，也存在很多处于理智化防御状态的人。

这一类来访者给我的感觉是：他到这里来并非是要获得一种有关自己的认识，因为他好像已经可以很充分地认识自己，从古到今的各种理论似乎没有他不知道的，仿佛他来访的目的是与你探讨某种理论。

这种过分使用理智的行为，就属于超理智化防御。如果这样的人陷于某种情绪障碍，他们的处理方法将是阅读更多的书籍，通过阅读寻求解决之道，然后按照他自以为正确的方法行动。从某个角度来说，这样的应对方式会让人觉得他们是一个程序，或是一个机器人。即使失败，他们也不会气馁，而会继续寻求新的办法。

真正的认知需要面对未知的情绪

对有些人来说，合理化、理智化乃至超理智化这些防御模式已经变成了一套"组合拳"。这套组合拳都用在了他们自己的体验和情绪上，他们用这些坚不可破的城墙把自己的情绪牢牢地锁起来。这其实是一种非常错误的理论使用方式。

我们的认知、行为和情感会与我们的关系锚定，所以你不能把属于理性的东西从行为、认知和关系，乃至其所在的系统中割裂出来单独处理。尽管这样做好像能让我们获得一种局部的、暂时的掌控感，但这种虚假的掌控感可能会让我们不再把视线转向我们内在的情绪。

当我们没有办法同自己内在的情绪接触时，我们的体验就会失去完整性。而体验是我们最基本的学习途径。我们在婴儿时期、幼儿时期的所有学习都是在某一个场景中、在与一个或几个密切接触者的接触中基于体验完成的。

随着我们熟悉了理论性质的学习，我们就会忘掉或摈弃从体验中学习的方式。所以这类来访者在寻求帮助时，既不愿意分享自己的体验，也不愿意与咨询师形成一种共同的、从未有过的体验。从这个角度来说，理智化的这一系列防御，其实和前文的自闭性防御相辅相成，两者仿佛有一种"你负责筑城，我负责守城"的关系。这些防御都针对自身，虽不能说它们是错误的认知，但算得上是片面的认知。

真正的认知必须要面对未知的情绪。如果我们想在完全隔离情绪的前提下获得对自己的认知，这个自我认知的花朵其实就是空心之花，它的每一片花瓣可能都很正常，甚至是对称的、完美的，可是里边什么也没有。

现在我们来自我审视一下，我们自己面对情绪困扰时有没有出现过这种想法："我不喜欢接触自己的情绪，它太混乱，赶紧让我获得一点儿正确的知识来把自己修理好。"如果以这种想法实施行动，我们一定没有办法真正地走进自己的内心，而且也一定也没有办法获得真正的成长。

我希望大家在看这本书时，也注意不要把这些内容当成某种来自权威人士的理论。如果这本书能够指引大家敢于体验自身，敢于放弃或暂时地权衡、思索自己的各种标签，**比如我是一个抑郁症患者，我是一个内向的人，我是一个……敢于暂时放弃它们，我想你就一定会有所收获。**

第三章

自在：
修通情绪困扰

　　为了使防御系统变得更灵活，我们还是要回到所要防御的内容——情绪。我们感知到的情绪，总是会在我们没有觉察到时就受到某种文化的调节，而我们想了解自己的真正情绪，就需要绕开这些调节，直接体会这些情绪对我们意味着什么。看清表层情绪下的情绪的丛林才是发展情商的核心。恐惧、焦虑、脆弱、绝望、悲伤等负面情绪如何影响我们的行为？我们要如何转化自己的情绪，找到解药？当我们读懂了自己的情绪，我们的内在世界也将变得光明，我们的情绪也不会再轻易地被他人左右，我们的行为、处世方式也将变得更加得当。

第一节 情绪光谱：看看你经常被哪些情绪左右

■　■　■　■

我们知道光谱色除了包含红橙黄绿青蓝紫这些肉眼可见的颜色之外，还有一些肉眼看不到的颜色。**人的情绪也是如此，有可见的部分，也有不可见的部分**，但和自然界的光谱不同，通过适当的训练，我们就可以觉知那些不可见的部分。

上一章一直在讨论防御，人为什么要防御，为什么要费尽心思搭建各种各样的防御系统，因为我们所防御的都是被标记为消极的情绪，比如焦虑、悲伤、无聊等。当一个人的防御系统用得很刻板时，他的人格就会变得僵化。**所以，为了使防御系统变得灵活，我们还是要着重讨论一下情绪**。

情绪受文化的影响

一般来说，我们会认为情绪具有干扰性，比如说一个人情绪稳定，大致是指这个人看起来没什么情绪。我们好像认为情绪会干扰认知、干扰判断，使行动偏离轨道。

但人的行为确实会受到情绪的影响。"情绪"一词的英文是 emotion，其实就是"使之动"的意思。我们所产生的不一样的情绪就像自然界多姿多彩的花，我们赋予不同颜色和品种的花以不同的文化，比如玫瑰、康乃馨适合送女性；黄菊花、白菊花通常用于凭吊逝者……文化因素使不同的花朵具有不同的意义。

可是如果抛开文化框架，花朵本身会直接代表那些约定俗成的含义，让人产生与之对应的情绪吗？并不会。一个孩子在看到黄色或白色的菊花时，未必会联想到死亡。

要知道我们所感知的情绪会受文化的调节，所以，我们需要绕开这些调节，直接体会真实的情绪。 文化喜欢积极的情绪，就像我们喜欢明丽、鲜艳的颜色；文化不喜欢消极的情绪，就像我们不喜欢阴暗、沉闷的颜色。受到文化的影响，我们不喜欢悲伤，总是希望一个人尽可能地充满正能量。一个人如果感到悲伤，哪怕这种悲伤是有原因的，比如他最近刚刚失去亲人，但只要他悲伤的程度和时间让周围的人感觉不舒服了，那么他便很容易被贴上"消极"的标签，甚至被认为有创伤后应激障碍[①]。

每个人都需要有一种感知情绪的能力，就像是我们即使不知道一种花的名字，也可以直接体会花的美丽和芬芳。自然界有各种颜色和样式的花，我们的内心也存在各种各样的情绪，

---

① 创伤后应激障碍：创伤后压力心理障碍症，是指人在遭遇或对抗重大压力后，其心理状态产生失调的后遗症。——编者注

有一些是基本情绪，还有一些是复合情绪。我们都知道，多种颜料混合而成的颜色通常是黑色的，如果我们有着非常复杂的情绪，那情绪感知起来也会像黑色的花一般让人不喜欢。通常我们都喜欢那些单纯的情绪，不喜欢复杂的情绪。

当我们刚感知到一些复杂的情绪时，通常的反应就是不触碰。我们可能会使用前文讲过的那些防御机制，比如合理化、隔离、超理智化等；或者把这种情绪投射到外界，认为不是自己拥有这样复杂的情绪，而是这个世界太复杂了。其实，情绪通常不会只以一种形式存在，它总是以复杂的形态呈现。

情绪是一个同心圆

通常来说，我们在某个情境下体验到的某些情绪中，会有一种核心情绪。如果把复杂的情绪比作同心圆，而一个人在这个情境下体验到了愤怒、沮丧、悲伤、失望、讨厌、逃避、麻木等情绪，那么你可以让他依次体验这些情绪，看看哪一个处于最中心的位置。比如他有可能会发现在最中心位置的情绪是悲伤，悲伤的外面可能是恐惧——对悲伤的恐惧，然后可能是厌恶——对恐惧的厌恶。为什么一直感到厌恶？因为没有办法把处于中心的悲伤推开，悲伤会一直存在，所以可能厌恶的外环还有一种无力感。那么无力感的外环可能会有一种失落感，因为他之前肯定会有过相对平静或快乐的情绪，但现在没有了，所以会感到失落。

我们识别到的**处于同心圆圆心位置的情绪就是核心情绪，而核心情绪的周边存在着很多由情绪组成的情绪的丛林，它们就像树丛一样挤在一起。**我们想接纳这些情绪，通常要从外围开始，因为外围情绪离我们的意识可能比较近，更容易感知。通过对外围情绪的感知、识别和接纳，我们会一点儿一点儿地找到核心情绪。在这个过程中你会发现，每一层情绪其实都会有一组防御机制起支撑和稳定作用。

假如我们已经对自己处于某个情境时的情绪丛有所了解，那么当我们再次面临同样的情境时，我们的情绪丛是否与这次相同呢？答案是下次的情绪丛可能会和这次不同。比如这次悲伤占据核心位置，可能下一次愤怒就占据了核心位置。

如果累积了足够多的关于情绪认知的经验，我们就会知道情绪实际是由一个一个情绪丛构成的。我们对这些情绪丛的响应速度和觉知速度的快慢，即对这些情绪丛的判断，就是情商的核心。

谈到情商，我们可以看到书店中充斥着大量诸如"情绪操控术"之类的图书，这些图书号称能教你如何识别他人的情绪，如何调控他人的情绪，甚至如何通过了解情绪控制对方。这种情商理论在社会上可能颇为流行，但其实相当离谱，甚至可以说后患无穷。

想拥有高情商，首先要对自己的情绪系统有非常深入的了解和觉知，然后逐步试着调节与控制自己的情绪系统，在这个基础上，才可以试着疏导和影响别人的情绪。**如果我们对自身的情绪一无所知，仅仅学习一些工具性的情绪操控技巧，那么这可能会带来一时的便利，但更可能会毁掉认知自身情绪的能力。**

接纳情绪，助力人生

　　真正的情绪认知能力代表着一种透明的接纳。首先我们对情绪的复杂性要有正确的认知，这就好像一束白光中有非常多的颜色，哪怕你不喜欢其中的紫色或黄色，也不能把它们从这束白光中分割出去。所以，我们要建立一种平等的情绪观点，有了这样的观点后，才可以尝试接纳自己那些不那么熟悉、不那么适应，甚至令我们感到痛苦和不舒服的情绪。只有这样，我们的情绪才会变得比较平衡、稳定。

　　当我们的情绪变得比较平衡而稳定时，就会展现出其内在的丰富性。因为这时我们不会再使用防御机制阻隔部分情绪，而原本用于阻隔的精力和注意力就可以投入更具有创造性的活动中。

　　这样一来，情绪就能够真正地促进我们拥有更圆满的人生，我们就像生活在一个百花园中，多姿多彩的花朵不会让人感到厌烦，反而会让人在这个百花园中待得更长久、更舒服，让我们沉迷于体验不同花朵带来的不同心境。这样一来，无论内在还是外在的世界，都将变得更加美好。

我相信一个人对自己的认识程度受他对自身情绪的认知程度的影响。**如果仅仅是为了变成一个所谓的正常人就牺牲情绪的发展，那么我们的精神世界最终会变得非常贫瘠**。所以，不论外界对所谓稳定或正常的情绪有多少要求，我们都要用心照料自己的"秘密花园"。

第二节　烦恼背后是恐惧和焦虑
■　■　■　■

每个人的情绪都像是个百花园，虽然各种颜色的花争奇斗艳，但也总会有一些颜色相似的花。我们要挑几种仔细地分析、总结，找出比较有普遍性的颜色。

第一个情绪是"烦"。我觉得"烦"实在是一个很高频的情绪。

"烦"这个字看起来就让人感觉头上有火。如果头上的火是"明火"，那我们可以尽快把它熄灭；可是很多时候头上的火是暗火，我们自己也不知道火烧在哪儿，别人也看不出来。这样的烦，我们可能就不知道该如何处理了。

烦的背后是怕

在临床观察中发现，烦的背后通常是怕，甚至可以说几乎全部都是怕。如果一个人告诉你"我很烦"，我们甚至可以直接问："那你在怕些什么呢？"

一般来说，烦背后的怕有两种，**第一种是怕必须做而不想做的事情**。所以这里的怕，是指看不到自己不喜欢做的这件事情的尽头，害怕自己要一直这么做下去。

第二种是怕做不了想做的事情。我们内心有想做的事情，但眼前的处境似乎看不到做这件事的希望，我们担心自己永远没有机会去做那件事。

有时候，这两种怕会同时存在，即想做的事情不能做，不想做的事情却不得不做，这真的会让人觉得很烦。

生活中有谁能完全地只做自己想做的事情呢？这种人我还没遇到过。你要是问我，我有没有只做自己想做的事情，我只能说偶尔会，但没办法完全这样。所以说，大多数人在大多数时候都被笼罩在一种虚火中，处于一种烦的状态下。

具体怕什么

有一种怕非常深刻，就是认为自己可能不存在了，瓦解了，消失了。一般来说，正常人体会不到这种怕，所以我说起这种怕时，大家可能会觉得和自己无关；也有些人会说自己有过类似的感觉，但旁人其实难以感同身受。这就像隔岸观火，旁观者不一定能体会真正处于一片火海中的人是什么感觉。

哪些人会有这种极度的怕呢？某些会发作急性精神障碍的人，或是一些有急性应激障碍的人。只要看一下处于这种状态的人的眼神，就能感受到他们所面对的深度恐惧。所谓的正常人不太容易体验到这些，因为总体而言，正常人的生活配重比较平衡。我不希望大家体验过极度的怕，那是如坠深渊般的恐惧，已经不属于一般程度的烦了。

还有一种怕是总觉得有人会对自己不利，或者总担心自己的身体出现一些问题，而且是不容易被检查出来的问题。这两种情况在本质上一样，都属于被害恐惧。如果被害恐惧的源头来自外界，就表现为对他人的恐惧；如果被害的源头藏在自身，就会表现为总是担心自己的身体有问题。

这两种情形中的哪一种更让人烦恼呢？实际上是后一种情况。如果我们怕的是外界的他人，还可以采取自闭防御，就像我在上一章中提到的，可以尽可能不与他人打交道，这也算是防御成功了。但如果我们怕的是自己的身体问题，担心自己的淋巴结是不是变大了、哪个地方是不是出现了肿瘤，总是疑心自己患上了非常可怕的疾病，这种烦恼就很难躲开了，因为自己的身体是无法隔离或自闭的，防御机制几乎无法应对这种情况。

高级的怕

刚刚说的这两种怕比较原始，相比之下，**稍微深层一些的怕是担心失去与重要的人的联结**。有这种担心的人可以分为两类，**一类人在这一点上比较极端，必须要和熟人待在一起**。他们会恐惧没有熟人的地方，不论那个地方多么漂亮，多么有趣。

这种恐惧感非常强，比如他们在需要出差时会很烦躁，总有一种采取各种各样的方法避免出差的冲动。如果迫不得已还是出差了，那么即使在一个很好的酒店，他们也没办法入睡，会翻来覆去地受不了这种分离，这其实就是一种分离带来的烦。

另一类人则可以暂时与亲密的人分离，但他总担心对方对自己的感情不在了，不爱他了。如果他给对方发一条短信，对方一定要非常及时地回复他。对方要表现得非常关注他，时时像他所期待的那样回应他，他才不会烦。

比如他在发出去一条微信后就会开始计数，如果超过 10 秒、30 秒、3 分钟，对方迟迟没有回复，他脑子里就会展开各种想象：对方是不是不爱他了，对方心里是不是没有他了，对方是不是不在乎他了……接下来他可能就会把焦点转向自己：我是不是不好，是不是没有什么价值，是不是得罪了对方却完全不知道……在对方回复之前，他可能一直会陷在这样的循环中，无时无刻不感到焦虑和不安。

这样的人实际上无法确定别人对他的态度。你可能会疑惑，如何区分担心感情不在了的烦与分离的烦呢？很简单，**如果一个人发了微信，那个人没有回，他担心的是对方是不是出事了，那就属于分离焦虑；如果他担心的是这个人变心了，那就属于我刚刚阐述的担心感情不在了。**但有些时候，一个人的烦可能同时包含了这两类，他一会儿担心前者，一会儿担心后者。

对于失去的烦

还有一种烦，是担心失去对我们而言很重要的特质或素质。

一些人很担心会失去自己赖以生存的才华，例如一个歌唱家肯定很在乎自己的嗓音是不是完美，如果觉得自己的嗓音有变坏的征兆，他可能就会惴惴不安，感到害怕。

也有一些人会担心自己的性功能，因为这对他很重要，是他的自尊体系的重要组成部分。他总会觉得如果性功能衰退了，他就要失去这样一个对自尊无比重要的能力了。

实际上，不论是男性还是女性都会这样。一些女性在更年期状态下会很烦躁，从心理层面讲，可能就是随着生理期逐渐变得不规律，她觉得自己快要失去女性功能和女性魅力了，因此惴惴不安，非常烦躁。

道德层面的烦

还有一种烦，是来自道德层面的自我要求。一些人有"要做好人"的道德理想，但实际上要做一个在各个层面都被赞许的好人很困难，你能做父母心中的好人，未必能做领导心目中的好人；能做领导心目中的好人，未必能做配偶心中的好人；能做配偶心中的好人，未必能做孩子心中的好人。

所以，道德方面的这种自我要求本身是自相矛盾的，因为你也不知道究竟怎样才能做一个完美的人，这就会让人左也内疚，右也内疚，在中间一样也内疚，无论怎样做都会内疚。这种状态当然很烦。

检查你的恐惧或害怕系统

生活中常常有太多的不如意，所以我们怕的东西太多，担心事情失去掌控，担心无法应对烦的情绪，等等。当我们试图用一些行动（如大吃大喝）应对这些情绪时，这些行动反而会让我们更失衡。就像你非要对一个摇摇欲坠的体系进行配重，然后发现不配重的时候还没事，配重后它突然就塌了，行动的结果适得其反。

所以，如果想面对几乎弥漫在生活所有角落的烦，我们需要检查自己的恐惧系统，我们真的可以做到勇者不惧吗？我们真的能够勇敢地面对任何东西吗？

如果你怕的东西在明处，你还有一些办法；如果你怕的东西在暗处，那你会拿它没有办法。**我发现很多人的烦都包含了他对过去一些旧的、躲在暗处的某些事情的烦，这些烦破坏了**

他对当下的觉知。当头脑层面因应对不了某个情境而产生烦的情绪时，除了当下的这一层烦之外，我们的内在还有很多以前沉积的烦，这些烦一层套着一层，最终呈现的烦的程度要比当下面对的情景所产生的烦的程度大得多。这么一来，局面就更难处理了。

所以我们要好好地探索，我们内在的那些过去的烦、过去的怕究竟是什么。如果不理清，它们始终就会跳出来，那么你的烦就会无休无止，没有尽头。**因此，如果今后再遇到烦的情境，就要珍惜这样的机会，仔细观察自己的内在是不是有一个很无力的、当年的自我带着所有的害怕冒了出来，这时我们先不要急着烦，要用心体会。**

第三节　愤怒的背后是脆弱

■　■　■　■

这一节主要要分析愤怒，以及它与脆弱的关系。

只是听到"愤怒"这个词可能都会让我们觉得不舒服。几乎没有人喜欢愤怒的自己，或喜欢愤怒的别人，但在日常生活中又很容易出现愤怒的情绪，尤其是对自己的。所以本节要对愤怒进行分类，并提供相应的应对方式，这样大家再碰到愤怒时，就能把它放到合适的框架中应对。

不同类型的愤怒

一般来说，**愤怒是外显的。常见的形容极度愤怒的词叫作"盛怒"**，这个词通常用来形容一个人怒发冲冠、横眉怒目的样子。盛怒是比较常见的愤怒形式，有些人似乎每天从早到晚都处于盛怒的状态，可能从他们起床开始，起床气这种愤怒的形式也紧跟着出现了。这样的人不一定能够意识到自己处于这样的状态，可能对他们来说这就是常态。但由于他们愤怒的信号非常明显，别人一般都能感知到，所以通常人们应对这种人的态度是"惹不起，躲得起"。只要不是在家庭内部，我们通常知道如何避开盛怒的人。

除了外显的"盛怒"之外，有一种怒比较隐晦，不仅当事人自己不见得有所察觉，身边的人也不容易察觉，这种怒叫作"郁怒"。"郁"是抑郁的郁，这种愤怒你看他的表情不一定能看得出来，除非你对气场比较敏感，比如你每天都在有意识地觉知它，那么在遇到某个人时，你就会感受到一丝丝的郁怒。

郁怒的坏处其实比盛怒大，因为彼此都没有意识到产生了怒的情绪，你觉得不对劲儿，但没有把这个不对劲儿看成怒；而郁怒的当事人自己并没有意识到他的怒，所以他不一定会有意识地调节它；也由于他不调节，所以他可能一年365天中有300天都处在郁怒的状态。

郁怒比盛怒更伤身体，一些郁怒的人的身体很容易出现一些结节，甚至是肿瘤。这就是因为有一股气闷在身体里，天长日久对身体产生了不良的影响。

一方面，郁怒通常不易觉察，但**小孩子甚至婴儿会对一个人是否处于郁怒的状态比较敏感。**如果一个孩子由郁怒的人照顾，这孩子可能就会出现一些莫名其妙的惊慌。而由于郁怒的人举止并没有出现异常，所以成年人也只会是觉得对方不对劲儿，但不知道对方存在着隐隐的愤怒。

郁怒虽然不像盛怒那样容易被当事人和他身边的人觉察，但它也有独特的呈现方式——梦境。郁怒的人有时候会做梦，梦中的愤怒者不见得是他本人，可能会梦到有一个人拿着大刀砍人，周围的人都被吓得四散奔跑的场景。醒来他就会觉得很奇怪，自己怎么会做这种梦，怎么会梦到这种情节。

我们前面提过的配重可以解释这种情况。当一个人的郁怒累积到非宣泄不可时，就会在梦中塑造一个对象替自己宣泄，这个对象为他生活中的情绪失衡提供了配重。所以，如果你觉得自己不是那种容易生气的人，却总是梦见一些愤怒的事情或场景，那这很可能就是你存在郁怒的征兆，你需要留心自己的情绪。

一般来说，愤怒大多指向别人，其目的是向别人传递一种边界警示信号，是一种领地保护意识的体现。我们看到一些小动物在被威胁后也会表现得特别愤怒，似乎在说，你要是再向前走一步，我就要攻击你了。**这种针对别人的愤怒很容易理解，你可以将它理解为动物在进化过程中保留下的保护自我或领地的精神工具，在领地边界受到侵犯的威胁时，只要使用这个工具，我们的威胁者就可能会退让。**

但也有一种愤怒指向自己，它是一种自我憎恨，自我憎恨在达到一定程度时，可能就会变成自我攻击。自我攻击程度严重者，会有自残等行为。指向自己的愤怒有极大的危害，以至于很多身心疾病的源头其实都是因为经年累月生自己的气。所以如果我们不能发现对自己的愤怒，那我们的人生可能就一直在那个困境里原地转圈。

为什么会对自己产生愤怒呢？如果追溯我们的成长史，往

往会发现其根源在于有人向我们传达过这样的愤怒，我们感受到了他人愤怒的威力，由此产生了恐惧。于是我们在成长过程中有意无意地把这个人的威力转移到自己身上，把这个人合并到自己的体系里。即使这个人不在场、不在我们身边，甚至已经去世了，我们也依然用这个人的视角审视自己、惩罚自己。因此，我们一定要慢慢地找出隐藏在自己内在的这个人。

一般来说，如果我们产生了愤怒的情绪，我们的身体就会有所表现，比如肌肉紧张、身体僵硬等。你可以做个实验，请身边的人看看你能不能以一种舒展的姿势睡觉。如果你睡觉的样子都像是在防卫些什么，就代表你的身心的确处于一种随时应对愤怒或攻击的状态，此时你就要留意自己是不是一直有着愤怒的情绪，只是自己没有发现，而且这时你的睡眠质量一定是比较差的。

还有一种应对内在愤怒的方式，就是用你身边的关系进行配重，即你不愤怒，但你故意让你身边所有人都对你很愤怒。这种情况下，其实你仍然有愤怒，只不过你把这一部分愤怒投射到了外界，被别人吸收并呈现了而已。

可以说，完全没有愤怒情绪的人是不存在的。生活中我们总是在接触自己和他人的愤怒，接触自己意识到的或意识不到的愤怒。

愤怒的背后往往是脆弱

那么，愤怒的背后究竟是什么呢？

愤怒的背后往往是脆弱。你有没有注意到，那些体形庞大的动物，一般很少会表现出愤怒的样子。如大象，因为大象的体形比较庞大，天敌很少，所以没必要总是摆出一副防卫的姿态。

但一些体型小的动物就经常表现得很愤怒。我曾帮别人养过一只小博美犬，我发现它的脾气很坏，你的很多行为都有可能被它理解为不怀好意，它特别爱冲人吠叫。**这种状态会导致一个直接的坏处：如果你总是被理解为不怀好意，最终你可能真的会不怀好意。**这样的循环只要开启，它就会更加明确地产生防卫心理了。

所以，如果我们想少生气，单靠念着一些咒语，如"莫生气""难得糊涂"等，其实并没有什么用处，一定要用心修复自己的脆弱之处才行。

正确对待你的脆弱

有一些人的脆弱是一种先天的素质，这可能由神经方面的某种敏感性乃至超敏性所致，也可能是因为他**童年时期构建的依恋系统比较脆弱**，比如小时候没有得到很好的照顾，所以比较脆弱；还有一些人是因为遇到了**创伤性的事件**，这些事件打破了原有的防卫系统，让他变得易怒。

所以要正确地认识和对待自己的脆弱，如果我们有先天性的脆弱，首先要承认和接受这一点，不要假装不知道或总是遮遮掩掩，因为这会使脆弱性没有办法被修复，无法及时被"打补丁"。而别人由于完全意识不到我们的脆弱性，又很容易在无意中伤害我们。

如果脆弱是由于依恋系统不稳定造成的，那就需要我们在之后慢慢地学习如何重新和他人建立安全的联结。但要做到这一点并不容易，也正因为不容易，所以心理咨询与治疗才有存在的必要和价值。

如果是剧烈创伤带来的脆弱，则需要我们用心而细致地包扎一番。但好像没有谁希望这种脆弱持续得太久，因为这种脆弱将提醒身边的人，他们也是无能、无力、无助的。所以大家很容易形成一种默认的共识：脆弱的人很快就会变得坚强，生活也很快会步入正轨。

你可以想象一下，这样的人在"恢复"后，他的内心会不会存在郁怒呢？肯定会有的，而且还会有对别人的郁怒，会觉得"你们急匆匆地催我，所以我不得不做出正常的样子"。另外，因为错过了一次很好地修复自己、照顾自己的机会，他对自己的郁怒也会随之而来，甚至逐渐加深。

如果这样的郁怒持续发酵，可想而知，下一次即使遇到程度不是很大的创伤，也会再次揭开他的伤疤。

所以我们想克服脆弱进而避免愤怒，就要承认和接受这一点：我们的生命的确比较脆弱、我们的心理也没有我们想象的那样健康。我们需要多关注我们的生命，这是非常正当的。当我们的心理因遭受某些影响而变得脆弱时，我们应该像受伤的野兽一般，找一个僻静之处舔一舔伤口。只有这个伤口真正痊愈了，我们才不至于对自己产生愤怒，才不会因为曾经受过的伤害而变得无法信任别人，进而产生郁怒或盛怒。

第四节　指责的背后是绝望

■　■　■　■

什么是指责

指责往往和愤怒相关，人的愤怒很容易引出指责，但指责比愤怒更加外显，它的杀伤力以及后坐力也都比愤怒大得多。什么是后坐力呢？简单来说，就是炮弹打出去时，炮管里的回压会对机座产生一个大小相似的向后的推力。如果后坐力太大，有可能炮弹被打出去了，机座也毁了。**指责也是这种"杀敌一千，自毁八百"的比较差劲的交流方式。但我们又很难摆脱它，即使你不想指责别人，别人也可能会指责你。**

家庭咨询或家庭治疗中经常出现指责的情景，因为平时在家庭环境中人们可能会比较隐忍，但如果有外人见证，人们就会希望能表明自己是正确的、对方是错误的，所以指责可能就会更激烈。

一般来说，一方发起指责时，另一方要么立即反唇相讥，马上也指责对方；要么默不作声。默不作声并不代表接受指责，他也可能是在通过默不作声传递一种信息——你的指责没有来由、力道太弱，或你等着我秋后算账。

通常家庭中的指责往往会引起一种爆竹般的反应，孩子甚至也会加入父母的相互指责之中。不难感觉到在那种场景中，他们的怨气暗中酝酿已久，所以一旦爆竹开始炸响，可能再多的咨询师也很难制止这个过程。

指责其实在家庭中是一件平常事。作为咨询师，有些时候我们会使用一些雕塑技术让当事人更清晰地感受到指责，即请辅助参与者上场装作"雕塑"，并让当事人给参与者摆姿势。有些时候你会看到他拉起一位参与者的手，指向另外一位参与者，这时咨询师通常就会询问被指的人是什么感受，而被指着的人通常还没等咨询师发问，自己就会先往后退两步。

显然，哪怕只是在演戏，当人们在面对指责的气势时，只要被别人用手指着，就会感受到紧张、回避或愤怒的情绪。而被摆成伸手指姿势的参与者也不会有太好的感受。他在指着对方时，内心通常也会涌起很多悲伤，因为如果情况到了一定要指责对方的程度，他一定是已经忍无可忍了。**所以我们说往往一个指责别人的人，他的内在也很绝望，而绝望往往会伴随悲伤，因为习得性无助，每一次希望都会破灭。**

指责与指望

指责与指望有相似也有不同。例如，我们在听到某某虽然在山村念书，但考上了清华大学或北大之类比较励志的故事时，我们会说，他是全家乃至全族、全村人的指望；或者病危的老人把他的长子叫到床前交代后事时会说，以后这个家就指望你了。成为别人的指望，通常就代表你比较能干，你比较有价值。

但是，从某个层面来说，指望和指责其实都代表着别人对你的要求，都在于你的行为能不能满足对方的期待，两者之间的差别不过是时间先后的问题。不要觉得自己常年被很多人指望是一件值得开心或兴奋的事情，因为这可能就意味着你离被指责不远了。

我指望你如何做，你能做到还好，如果做不到呢？那就要等着被指责了，这些是明指、实指的指责和指望。

有些时候的指责和指望是暗指、虚指。有这样一个网络笑话，一个孩子对他父亲说，我就等着哪一天继承你的百万遗产了。这位父亲苦笑着说，我还在等着你爷爷的遗产呢。通过这则网络笑话我想说明的是：有时候指望的发起者不一定是你面前指着你的这个人，这个人的背后可能也有指着他的人。按照这个逻辑，指望和指责有可能会形成一个你无法看见原点的链条，这些就是暗指、虚指。这种情况才更可怕。

有些时候我们会发现，被指责的人所受的指责比他对别人的指责要多。所以，如果你同他聊一会儿天，你就会发现他特别委屈："我挡住了那么多指责，现在我只是用手指头轻轻指你一下（指责他人），你怎么就崩溃了。"试想，这样的人在背后承受了多少指责。

反过来，如果这个人不"争气"，那他的背后又会有多少的绝望？绝望是一种让人极度痛苦的情绪，好端端地谁会愿意体验绝望感呢？日常生活中，我们恨不得千方百计地逃避绝望感。

绝望和脆弱感是联系在一起的，脆弱感会导致绝望，这两种感觉叠加在一起，最终会导致情绪崩溃。**比如，我们很容易把对自己的指望转移到别人身上**。一个人如果自己读书读得不怎么样，就会很自然地为其儿女进行配重："你要有出息，我就指望你了。"如果儿女这一代人不争气，他可能会继续指望第三代人，指望的链条就这样在家族中延续。

这种链条不只存在于家庭和家族中，也存在于社会团体中。比如单位、部门或业务小组中，成员或部门之间的推诿扯皮，不也是在还原指望或指责的链条吗？所以你想想，如果每天生活在这样一个没有原点，也看不到终点的链条上，是不是很绝望？

如何面对指望

绝望是情绪光谱的一部分，如果我们能够适应绝望感，抓住机会用心地体会、接纳、整合绝望，我们会不会对别人的指望或指责产生免疫呢？或者，我们是不是可以采取行动，让指责或指望的链条在自己这个环节上断裂，不再传递给下个环节——无论是我们的孩子，还是我们的下属。做到这一点肯定很难，因为如果容易，链条早就被摧毁了，所以你不要指望外界都能想明白这一点。

那么你应该怎么做呢？还记得前面画过的人际同心圆吗？同心圆上应该有很多对你重要的人，你可以选一个重要人物，在同心圆外的空白部分做一个表，写上这个人对你的指望，然后再将这一栏分成"明"和"暗"两栏，"明"就是这个人说出来的指望，如"我希望你以后当医生"，"暗"是他虽然没有说出来，但你可以觉知的指望。

如果这个重要人物还在世，你不妨找他验证你的觉知是否正确。大部分情况下，你会发现自己的觉知是对的。别人的确在暗中这样想，只不过不太好意思明说而已。

所以你可以把每个重要人物对你或明或暗的指望或指责列表来分析，建议你每写下一个，都用心去体会生活在这些指望或指责下，你有怎样的感受。你可以反思，在你过往的人生经历中，有哪些行为或选择明显受到了这股力量的推动。

现在出现了第三个词"指使"，如果你的人生在某个地方变了方向，拐了一个弯，那一定是受到了某种外力的拨动。你可以回想一下，你现在所处的位置是由哪根"手指头"所拨动的？

如果你还要让除了你之外的人受益，比如你是别人同心圆中的某个重要人物，他也在读这本书，他画同心圆时，你就是他一环或二环中的人，那你可以再研究一下你向外发出的意愿，想想你对别人有着怎样的指望。

指望往往是相互的，你的父母对你有所指望，你对他们难道就没有吗？你也可以再思考一下，你的这些意愿是明还是暗。

那些暗的意愿虽然没有被你说出来，但可能会被你以某种形式表现出来。例如，你可能会在你的家庭微信群里转发一些文章，这难道不是在暗示他们，希望他们学习你转发的这个故事里的主人公吗？所以他们也有可能在你的指使下，有一些相应的行动。

你可以画一下人际同心圆和明暗指望的表格，这个表格不必一次完成，那样肯定很累，你可以一个一个地完成。如果有一天大家都能从指望、指责的链条中解脱，这个世界将会多么美好！

第五节　悲伤是可以有力量的

■　■　■　■

一般来说，鲜有人会把悲伤看成一种有力量的情绪——此处的"有力量"是指我们可以从悲伤中得到力量。这种看法违背了大部分人的直觉。一般来说，大家在形容悲伤时都会说，它就像潮水一样，一波又一波地在升高，最终淹没了我们；或者它是没有星光的黑夜，你越走越深，最后只剩一片黑暗；又或者它是一潭污水，散发着一些腐臭的气息。

仿佛无论你有多大的力量，只要你被悲伤捕获、淹没，你的力量就会逐渐化为乌有。也正是由于我们在直觉上对悲伤有所防备或抵抗，所以除去一些比较特殊的情况（比如你本身就处在一个抑郁发作的状态）之外，我们通常不愿意体验悲伤，并且在大部分时候会千方百计地避免自己处于悲伤的状态。

逃避悲伤：忙碌、梦、他人的悲伤

逃避悲伤最常见的情况就是忙碌法。因为悲伤和前文提到的愤怒不同，如果你非常忙碌，悲伤不一定追得上你。所以如果你能把你的白天和晚上都填满，那真的可以做到不悲伤。我们在生活中会看到 24×7 先生，或 24×7 女士，他们看起来无时无刻都处于一种积极向上的、散发正能量的状态，如果你问他们有没有悲伤的情绪，他们可能会很爽快地给你一个否定的回答。

有一种情况是，有些人可能比较理性，他们在白天能把悲伤情绪控制得比较好，但这个悲伤有可能会在梦中出现。有些人能记住自己做的一些悲伤的梦，记得自己在梦中哭得很伤心；有些人则记不住梦的具体内容，只记得是个悲伤的梦，从梦中醒过来时感觉情绪很低沉。这种情况其实就是我们在用梦对自己的日常生活进行配重。

还有一种情况是，**当事人觉得自己完全不悲伤，却可以很轻易地感受到别人的悲伤**。例如，有的人在看电视剧时，哪怕看到短短几分钟的悲伤情节都会流泪，或感觉非常伤心。有时那些远在天边、看起来与他们完全没有关系的事，也会让他们悲伤不已。

这样的人可能自己感觉不到自己有什么悲伤，但他的内心其实存在很多悲伤。如果他们的内心完全没有悲伤，怎么可能会有这样的反应呢？所以哪怕一个人不愿意体验自己的悲伤，悲伤仍然可以以梦境或是投射到他人身上的方式呈现。

如果你在生活中发现自己有以上三点表现，那你的内心可能已经存在一定程度的悲伤了。

情绪钢琴：处于低音区的悲伤

悲伤其实是一种正常的情绪，它就像是钢琴的低音区一样。你能想象一架钢琴没有低音区吗？那样的钢琴能弹奏的乐曲会大幅减少，而且钢琴声的层次肯定也不丰富、不饱满。随着成长，我们情绪钢琴的音域可能会变得越来越窄。这是为什么呢？因为如同前文所说，我们的社会其实不太乐于接纳悲伤的情绪，所以社会对每一个家庭寄予的**养育观与情绪观**都会传达对悲伤的不喜。

因此，当一个孩子处于悲伤中时，父母通常的反应是努力帮他盖住这种悲伤，或是给他一些简单易得的快乐，迅速稀释悲伤。孩子对这种处理方式的学习是潜移默化的。天长日久，孩子对悲伤情绪的本能反应可能也是迅速地覆盖它，或用一些非常浅层次的快乐将它冲淡。

这样一来，他的情绪光谱会变窄，情绪钢琴就缺少了低音区；另外，如果他每次面对悲伤时都启动这种防御反应，这样的防御本身也会消耗巨大的能量，而且这种消耗多是在他没有意识到的情况下一点点出现的。

如果我们想更深入地同他人交往，就不可避免地会经历他人在我们心中逐渐变得不完美的过程，而且我们在对方的心中也会逐渐变得不完美，这对自己和对方而言都是一种丧失，**丧失就会带来悲伤**。如果你投身于一段真实的、深入的人际关系，不会不经历这样一个理想破灭的过程。你会在这个过程中自然地品味到悲伤。所以如果你视悲伤为毒药，那么在人际关系中，你就会下意识地回避深入交往，隐藏真实的自己。

其实我们在对自己的人生有充足的掌控能力前，就已经在不知不觉中学过这些了。所以说，悲伤很重要，体验悲伤是一种能力，能感觉自己的悲伤，并且把自己的悲伤整合到自己的人格中，也是一种巨大的力量。

允许自己体验多层次的丧失与悲伤

我们在生活中其实会不断地面临各种丧失，这些丧失体现在方方面面，丧失亲人或至交是极端情况，还有一些情况是丧失人际关系、丧失安全感和胜任感乃至自尊。而所有人必将发生或已经发生的是丧失生活的完整感。

如此多层次的丧失必然会带来多层次的悲伤。由于社会层面并不那么主张充分体验悲伤，甚至正常范围内的悲伤，比如失去亲人后的悲伤都有可能被认为是创伤后的某种障碍，所以我们会在内心筑起一道防线，来抵抗（此处的抵抗是一种有力量的抵抗）这种对悲伤的否认或鄙视。我们需要建立正确的悲伤观，并且要给自己一定的时间舔舐伤口，每一处伤口的愈合都需要时间，每个人都需要属于自己的疗伤时间。

那么，为了防止被迫使自己的生活看起来正常化，或掩饰性的正常化，我们需要提醒自己，哪怕要恢复正常生活，也要给自己留下悲伤的余地。大家不妨试一下，你可以有意地听一些悲伤的音乐，观察在这个过程中，你内心深处的悲伤有没有被外在的经过艺术化升华的悲伤所牵引。悲伤就像是一只受伤的小狗，它听到同类的叫声时，可能就会战战兢兢地从某个黑暗的角落里出来，而当它出来后，可能还是会回去，但不要紧，你要做的只是继续给它机会，让它再次出现，然后用心体会。

所以我们可能需要一段比较长的时间，才能体验丧失过程在各种层面带给我们的悲伤感。

当我们有了接纳悲伤、整合悲伤的能力，并逐渐从悲伤中获得力量时，我们身边的人是能发现我们的变化的，由悲伤转化而来的力量也因此可以传递给身边的人，你的家庭能够吸收这种力量，你的朋友也同样如此。所以说，悲伤的力量可以算是一种真实的力量，它甚至远远大于完美的力量。

与悲伤相关的情绪其实占据了真实情绪相当大的部分。我需要提醒大家，我们的内心本来就有一部分这样的情绪，我们的生活本来也蕴藏着这样的可能性，我们可以尝试着敞开自己的内心。

第六节　每种情绪都有自己的语言

■　■　■　■

　　本书中，我几次以花为喻来和大家分析情绪，几乎每种花都有自己的花语，也就是花的象征意义，了解这些花语可以让我们在送花时更能表达心意。比如红玫瑰象征着浪漫的爱情；康乃馨象征着温馨的祝福和真情的流露，它在很多时候和母亲有关；黄菊花、白菊花通常与丧失、哀伤、肃穆有关。如果掌握了这些花语，那么我们在看到一种花时，就可以解读这种花所传递的信息。

情绪也是一种语言

　　同样，我们的情绪其实也是一种语言，但它对我们而言像是一种我们不熟悉的外语。为什么这么说呢？因为我们不熟悉它，所以没办法很好地理解它。但我接下来要和大家分享的是，情绪这种外语其实是我们的第一母语，只不过当我们学会了一种规范化的语言后，就把我们的第一母语逐渐遗忘了。

　　想一下，如果一个小孩子生病了，哪些特征、哪些指标最重要呢？精神状态最重要。如果这个孩子还是能玩，看到他人后还愿意亲近、愿意交流，一般我们就会判断他病得不太重，哪怕他发着高烧，或是有严重的腹泻。但如果这个孩子的精神状况开始变差了，眼神变得暗淡，状态变得比较懒散，或是不愿意与人交流，这个时候我们会意识到，他的病情可能比较严重了，或正在向严重的方向发展。

之所以这么分析，是因为孩子还没有学会掩饰情绪，所以我们可以通过孩子的情绪判断其身体状态。而成年人由于已经经历了足够长的社会化的过程，所以逐渐失去了这种直接的情绪映射，这导致不仅别人无法通过我们的情绪知道我们真实的身体状态，连我们自己也渐渐变得麻木了。

因此这一节，我们一起重新找回自己的第一母语。

我们想在有他人在场的情况下传达信息时，我们的身体可能会有一些动作，并通过这些无意识的动作来传递信息；如果没有他人在场，那这种肢体语言可能就会变少，取而代之的是身体的感受，以及感受造成的情绪。**躯体的感受处于第一位，情绪衍生于感受**。正是因为情绪是被衍生的，所以它会受我们认知系统的调节。如果我们要参加一个葬礼，认知系统就会告诉我们，自己正处于一个庄严肃穆的场合，此时哪怕你打开手机，别人给你发了一张非常搞笑的图片，你也会抑制自己的笑意。

我们先暂时悬置认知的部分，因为我们有时候会以认知融合的方式来代替更直接的、对自己情绪的觉知。所以我们要把第二重的语法（认知融合）去除，更集中地体验第一重的语法（情绪）。

解读基本情绪的语言

这是第一重，也就是基本的情绪。如果一个孩子很**快乐**，别人就会知道他正处于很安全的状态；如果我们自己比较快乐，情绪语言会告诉我们什么呢？这种语言告诉我们，自己正处于安全状态，这种安全不仅仅指基本的、生活层面的安全，也代表我们在关系中的安全。所以如果你此刻感到快乐，你的身体就会向头脑传递安全感，可能你的头脑并没有意识到这种传递，也可能你今天根本没有用你的头脑评估此刻是不是安全的，但如果你感觉此刻轻松又快乐，就代表这个时候你有充足的安全感和足够的联结。

兴奋要比刚刚的这种快乐或喜悦更复杂一些。一般来说，快乐代表你处于一种比较稳定的安全和联结的状态中。兴奋和快乐有什么不同？大家可以想象一下，如果某种资源是时有时无的，那么当你占用这个资源时，你感受到的就不仅仅是喜悦，更多的是兴奋。所以，回想一下，你在什么时候会体验到兴奋呢？

还有一种情绪和兴奋有关，但偏负面，那就是**焦虑**。虽然我们不愿意把焦虑当成一种有能量的状态，但其实焦虑和兴奋关系密切，你处于焦虑状态时，就代表你的身体已经先于你的头脑得知了某种带有威胁性的情境，它在向你传递信号，想要动员你，你不能在焦虑中坐以待毙，而应当及时获取信息，然后迅速占有资源，要不然等到坏的东西来时，你完全没有办法应对。所以，如果你的生活处于一种焦虑的状态，你就需要告诉自己："这说明我的身体的确体验到了某种威胁，我要花一点儿时间来看一看这个威胁究竟是什么。"

还有一种比焦虑程度更高的、偏负面的情绪，那就是**恐惧**。如果说焦虑是对威胁不那么明显的、较为隐秘的感受，那恐惧就代表着威胁可能已经近在咫尺了。产生恐惧就代表我们的生活有明确的、不得不处理的危险情境。所以，如果我们处于某种恐惧之中，那么即使身边的人都觉得我们不应该害怕，我们也要读懂这个情绪信号，至少我们的身体的确觉得有可怕的事物正在威胁自己。有时候这些可怕的事物来自人的内部，所以别人看不出来，反而会觉得我们大惊小怪。人的情绪信号基本上是不会犯错的，你需要正视自己的恐惧。

愤怒是一种怎样的语言？愤怒有一定的信号作用，这个信号可以对外人，也可以对自己。

对外人，愤怒代表着"炸毛"的状态，是在向外界传递"我很厉害，不要企图占我的便宜"或者"不要试图靠近我，否则我要让你付出代价"的信号。一般来说，对方会对你的愤怒进行评估，然后进攻或后退，而愤怒者的目的当然是希望对方后退。

对自己，愤怒是在传递"我是存在着的，我是有力量的，我是硬核的"这样的态度，所以愤怒有凝聚自身感受的作用。人在愤怒时，会感觉自己的存在是那么真实、那么有力、那么不可侵犯。所以一些人如果不确定自己存在的状态，有时候就会工具性地愤怒。他总是让自己很愤怒，很多时候别人会不理解他为什么愤怒，但其实他自己也不理解，不知道自己其实是在利用愤怒确定自己的存在，并且一直在用这样的方法告诉自己，我存在、我很行。

抑郁是一种怎样的语言？抑郁听起来似乎并不积极，每当你传递抑郁的信号时，就代表你的生活正处于、即将处于或最好能处于节省能量的状态。

对外而言，我举个例子，如果你身边有一个朋友看起来有点抑郁，你本来要叫他一起吃饭，结果看过他那张忧郁的脸，就不打算叫他了。对我们来说，不需要再多说什么；对他而言，也节省了一次用来社交的能量。因为大家可能都会有类似的体验，在抑郁状态下的社交不但不"充电"，而且会飞速地"耗电"。

对内而言，抑郁其实是感觉有什么地方出错了，因此不停地琢磨究竟哪里出了错。抑郁的症状之一就是**思维反刍**^①。从病理性的角度看，这种反刍性的思维会消耗很多能量，这时你的状态就像运行着一堆程序的手机，因为没有办法停止运行，所以运行速度不可避免地变慢了。

可是，如果把这个现象理解为整体，那就代表的确是某些方面出现了问题，而且这个问题不一定显而易见。同理，当人出现抑郁的症状时，也要告诉自己——这是我的身体在告诉我出了问题，我最好弄明白，我的身体究竟在通过抑郁传递怎样的信号。无论是内在还是外在，如果我的生活的确有什么不对劲，就不能带着伤上路。因此抑郁这种语言可能不好听，但绝对"忠言逆耳利于行"。

内疚这种语言意味着什么？意味着我们的确在关切他人。我们走在街上时，没注意脚边有一个塑料瓶，一不小心把它踢开了，这时我们会不会对它感到内疚？不会，因为我们并不关切它，没有关切又何来内疚？所以当我们体验到内疚感时，就代表我们在关切别人、在认同别人，这也是内疚情绪的积极方面。如果这种语言的本意真的是关切他人，那我们要仔细地读懂自己的内疚，让自己的行为真正利于别人，而不是一味地陷

---

① 思想反刍：重复、被动地思考，亦称反刍思维，具体可分为强迫思考和反省深思，前者是被动地比较当前状况和不能实现的目标之间的差距；后者是有目的地、向内地解决认知问题。——编者注

入这种内疚中不能自拔。

　　在此，我只是列举一些比较常见的情绪并尝试着解读这些情绪信号。每一种情绪都是一种语言，而且就像是语言存在各种从句、虚拟语气等语法一样，情绪通常也不会单独出现，所以如果我们真的想读懂自己，就需要琢磨自己的语法。如果有可能，我们还可以分析自己如何从自己的家庭中习得这套情绪语言。你可以思考一下，你的家庭成员中，有谁和你使用类似的语法。

第七节 转化情绪

■ ■ ■ ■

思考一下，情绪来敲门时，我们应该怎样正确地对待它。看完前面的内容，大家对情绪的看法可能发生了改变，**情绪是我们心理活动的一部分，是生命活力的体现**。而外界环境有时会阻碍我们整合自己的情绪框架，导致我们采用各种各样僵化的防御手段。

如果想处理情绪，或者说应对和转化情绪，最基础的办法其实是正常宣泄情绪。宣泄情绪本来是连孩子都懂得的事，但很多人在社会化的过程中，慢慢地忘记了怎么去做，因此心理治疗有时候是在恢复人的这种功能。比如，有一位来访者说他是不会哭的，他都十多年没有掉过眼泪了，即使在梦中也没有哭过。你们觉得他是真的失去了这样的功能吗？当然不是。当他终于重新感觉到足够的安全感时，他在治疗室里哭得用完了两包纸巾。如果一种情绪长久地被淤积，肯定有哪里不对劲儿，哪怕只是淤积了一时，这种情绪也会带来很大的负面影响。

合理的宣泄途径

如果觉得没有合适的空间宣泄情绪怎么办？其实只要我们转换一下思路，会发现很多可以宣泄情绪的途径。

比如，当你很悲伤时，你可以去看一场比较悲伤的电影，然后陪着主人公哭一哭，这在他人看来好像也没有什么特别的，即使是一起看电影的人也会觉得这是一种适当的反应。这种哭所带来的关注，与走在大街上忽然就哭了所引起的关注有很大不同。

如果你很愤怒，也可以试着去运动，很多运动都有宣泄愤怒的效果。你会发现一些人好像特别迷恋某种运动，其实这可能是因为他们无意间发现了运动中的发泄之道。我有一个朋友在学了击剑后就迷上了这项运动，在他学会了击剑后，我感觉这个人发生了一些变化，原来努力克制愤怒的情况逐渐减少了。

转换思路，寻找宣泄情绪的适当途径

以恐惧这种情绪为例，你们有没有发现一些人会玩密室逃脱之类的游戏？这其实是一种与真实生活中感受到的恐惧比较类似的情境，在这种情境中，你可以名正言顺地体验自己的恐惧。而且在接下来同他人的分享过程中，这种恐惧的情绪可以进一步被宣泄。

其实很多人都已经自发地采用宣泄法来处理自己的情绪。俗话说，通则不痛。

来自中医的以情胜情疗法①

也有一些人的情绪过于浓烈，来不及找到一个合适的场合就不得不宣泄了，而见证了这种宣泄的人可能就会感到很不解。长此以往，有可能会损害人际关系。

因此我们还需要一些转化的方法，我在这里想向大家推荐一种源于传统中医的以情胜情疗法。这是一种系统疗法，我在这里只提供一些比较容易理解的情景。

怒伤肝，但悲可以胜怒。"胜怒" 就是说可以克服愤怒，转化愤怒。如果一个人总是特别愤怒，可能是因为他缺少悲伤的能力。前文提到过，悲伤是一种能力，而且这个能力很有力量。从悲伤中能获得的力量之一，就包括悲伤对愤怒的转化。

我们常在电影中看到一些固定的桥段，比如两家人有很深的仇，彼此都很愤怒，到了冤冤相报的程度。但突然出现了某个契机，大家一下子意识到，多年来两家人的互相伤害已经让双方失去了太多，这时双方的情绪就都变成了悲伤。当大家沉

---

① 以情胜情疗法：依据五行相胜的制约关系，用一种情志纠正相应所胜的情志，并有效地治疗这种情志所产生的疾病。——编者注

浸在悲伤里时，愤怒好像也就被化解了。

如果有特别强烈的愤怒，你可以试着把它转化为悲伤，转化为悲伤后，宣泄它就会更容易。如前文所说，你可以看很悲伤的电影、听很悲伤的音乐等，用这些办法转化悲伤。

喜伤心，恐又可以胜喜。大家也会想，为什么要克服喜，一直很开心不好吗？其实你如果留意一下社会新闻，就会发现不少因喜生悲的例子。比如某某打麻将赢了钱，一高兴突发急性的病症等。这就是中医所讲的"过喜伤心"，太强烈的喜会涣散心气，所以也要适当地控制这种喜。如何控制呢？可以告诉自己，过于喜是有害的，这样你可能会感到害怕，喜的程度就会降低。

思伤脾，怒又可以胜思。一些人的思维方式和病理性的思想反刍相似，碰到事情会举棋不定、左思右想，既怕自己做得不好、不够完美，又怕得罪了旁人、丢了面子。从心理学的角度来看，这样的人其实是有郁怒的。如果一个人以往做事时可以大大咧咧、不过多计较，那为什么会形成这种很纠结的思路呢？如果一个人过得好，就没必要思考那么多。他之所以思考这么多，一定是因为这个人或是过去，或是过去和现在都过得不够好。这样的人需要决断性，因为**决断性其实是愤怒的升华形式**。当这个人某一天能把愤怒转化为决断性，有了决断性后，他就不会如此"前怕狼后怕虎"地思考了。所以一种自然生发的怒未必有害，它也可以呈现为决断性，这种决断性能克服无用的、无效的思维。

忧伤肺，喜又可以胜忧。我们可以在感到忧伤时尝试观察一下自己的呼吸，一般来说，忧伤时我们的呼吸会变浅，好像只有锁骨下的一丁点儿的肺还在运作，因此我们没有办法深呼吸。我觉得，要么是这样的行为伤了肺，要么是由于这种行为已经伤了肺，所以呼吸变浅了。很多比较忧郁的人的确容易有一些肺系 [①] 疾病的问题，林黛玉就是一个很典型的例子。

喜可以胜忧，因此很忧伤时该怎么办呢？我们可以用一些行为激活自己。行为激活疗法其实属于抑郁症的一种循证医学，这个疗法如果借用现在的句式来说——有什么事情比吃饭更开心呢？那就是吃两顿。我们可以用这种方法在不开心时为自己制造一点儿欢喜，让自己从忧伤中解脱。

恐伤肾，思又可以胜恐。恐对应我前文中讲过的"烦的背后都是怕"，正是因为不知道自己在怕什么，所以就有了很多无效的恐。想弄明白自己在怕什么，这个时候思就能胜恐了。如果你感到惴惴不安，那么这种不安其实是在提示你应该用心回顾你的人生，看看你的人生中是不是有一些潜在的风险。就像有些东西你用余光看到了，但看得不那么真切，你需要正视它们，才能看清楚。如果感觉到人生的方向不大对劲儿，这个时候可以进行更深入的思考，以便调整方向。

---

① 肺系：构成呼吸道的肺的附属器官（如气管、喉、鼻道等）。——编者注

以情胜情疗法的原理

以情胜情的循环也说明了单一的情绪如果扩散、固定，就会成为致病因素。我们要利用情绪之间相克相生的复杂关系，让情绪能在流动起来后自然宣泄，从而达到"通则不痛"的效果。

其实，我们的情绪系统就像一个多彩多姿的百花园，每个季节都有鲜花盛开，这种盛开包含了园艺工作者的很多思考：哪种花在什么季节开放，怎样布置能让花园里的花依次盛开，花的颜色搭配得是不是恰当，等等。如果你想管理自己内在的情绪花园，就需要熟悉每一种情绪之花的习性并精心地照料它们，这样你的内在世界才会繁花盛开，别人也会感到欣慰，会想要靠近你。这样，我们的人际关系就能得到改善，我们的情绪也会流通得更加顺畅。

第八节　情绪解药：亲密与孤独

■　■　■　■

亲密和孤独并不是一种或两种简单、纯粹的情绪，它们各自都由一系列基本情绪组成。

亲密与孤独的关系

比如，我们在想到亲密时，通常会联想到放松、信任、安全、喜悦、期待、分享等；而想到孤独时，可能会联想到单调、沉闷、无望、失去联结、不安全、怀疑等。亲密和孤独是两种相对的情感，亲密时你无法孤独，孤独时你也无法亲密。我把它们放在一起分析，就是为了证明它们的关系其实很密切。**如果你不能在孤独中体验到与自己的亲密，那你同他人的亲密可能要打不小的折扣。**

我们很多人的内心深处其实都有着孤独的角落，这个地方可能没有与人建立良好的联结，或是曾经与他人有很好的联结，但后来联结又中断了。随着同外界联结的中断，我们同自己内在这一部分的联结也中断了，我们的内心世界有了一个又一个的空洞，那里存在一些我们不愿意碰触的情绪，并且因为配重，我们有可能会着迷于外在的关系，试图用非常肤浅的外在关系，向我们的人生体系中注入一些看起来比较正面的情绪，比如通过注入一些兴奋感阻碍死气沉沉的感觉蔓延。可是，这种被强迫使用的兴奋感可能也会使我们更难以容纳其他更细微的情绪。这样一来，我们的人生就会变得越来越窄。

我们也可能会追求世俗意义上的成功，想通过这种成功获得价值感。但一旦痴迷于这种价值感，我们的人生也将因此逐渐变得狭窄。情绪的大花园最后也会逐渐变得单调，只有用来迎宾的花能盛开，而其他更丰富的花早已枯萎。甚至如果我们对使用那些用来迎宾的花执迷不悟，最后可能会干脆制造一些塑料的假花常年摆在花园里，这样的花园显然是没有生命力的。

重新联结孤独，回到亲密

为了回到与自己保持亲密的状态，我们需要闯过两个关口。

第一个关口需要在头脑层面完成。**如果我们没有办法与自己保持亲密，那孤独就会非常深刻**。无论行为表现看起来有多么热闹，都不能遮盖内心的孤独。如果我们偶然因为某种原因，被动地暂时进入了孤独的状态，比如由于疫情只能待在家里，那么我们也可以把它当成一种转化情绪，从而整合我们内在的机会。

第二个关口在行动层面完成。即让自我隔离帮助我们发现自我，我们在自我隔离的情况下，格外能体验到一些与孤独相关的情绪。这就像是一种情绪上的"辟谷"，让你停止情绪层面的"大吃大喝"。比如你禁足的地方没有网络，甚至没有电视信号，你无法继续从信息中获得虚假的繁荣感，这时你就不得不面对情绪上的饥饿感。如果我们平时对情绪的喂养非常依赖于他人的眼睛、他人的话语、他人的掌声，那在这样的状况下因为缺乏外界的刺激，内心就会产生饥饿感。

当情绪饥饿时，这种饥饿感背后就会冒出很多原始的情绪。你可能会觉得"这些情绪是我的吗""我简直不敢相信""我居然有这么多心酸""我居然有这么多的愤懑"等。可能感受到这些原始情绪的第 1 天，你还可以借助玩手机之类的娱乐活动排遣这些情绪，但第 2 天、第 3 天、第 4 天……它们会围绕在你旁边，向你倾诉："我们可都是你，请你不要再驱逐我们了。"如果你在类似的情况下读到了这本书，就不会浪费这样的机会。

当情绪继续饥饿时，你的孤独感以及孤独周围的失望，失望背后的期待，期待背后的指望，指望背后的绝望，还有对外界的不信任、对自己的不信任等感觉都会逐渐冒出来。而且我们在很早以前其实就形成了这些感觉，如果没有以前所囤积起来的情绪，仅仅是外在环境的变化也不至于让我们的内心产生这些反应，而在心静时，外在环境的影响变小了，内在的情绪摆脱了其他因素的干扰，就都显现出来了。

这些情绪就这么不依不饶地出现了，但这并不是什么坏事。我们要正视并且善待这些冒出来的情绪，因为这是观察它们、认识自己的好机会。

记录情绪

如果在体验情绪的过程中，你产生了一些记忆或画面，我建议你过一会儿把它们记录下来。你可能会问记录这个东西有什么意义，我又不会把它发布在朋友圈里。

请不要总是惦记着自己的朋友圈，或惦记着让别人知道它，这种记录是写给你自己的。因为过一会儿，当你内心的情绪逐渐平息，恢复了更多的认知后，你可以认真反思你所记录的这些东西，你可以反思你的愤怒，或想想前文说的，愤怒的背后是脆弱，体会自己的脆弱，你看到它时，是不是想抱个枕头蹲下来。如果你产生这样的冲动也没有关系，反正也没有人看见。你可以仔细地体会一下自己的情绪，如果你平时只能体验到自己的烦，那现在你可以体验一下自己的怕；如果你平时只能体验自己的指责，那现在你可以体验一下指责背后的绝望。你可以一一验证我在前文中讲过的所有理论。

因为在自我隔离时，你已经脱离了外在关系，所以你现在没有办法依赖外在关系为自己的情绪进行配重。所有外在的配重体系都已失效，但这也正是你重建情绪处理链条的大好机会。如果原来你的情绪垃圾要依赖别人才能处理，那么现在你有了建立自己的情绪处理体系，收集、转化和处理自己的情绪垃圾的机会。

第四章

自由：
找到自我价值

　　生活中束缚我们的东西实在太多了，比如我们每个人都由一系列的标签组成，这些标签隐藏着一些自动思维以及一些杂念，它们会干扰我们，让我们看不清真实的自己，听不到自己内在的呐喊。很多理论都为了预测未来而存在，我们也会用自己的经验预判一件事以寻求掌控感，但在回避未知的同时，我们也丧失了其他的可能性。通过全面检视思维方式，我们可以重新分辨哪些思维即使曾经帮助过我们，也不适合现在的自己了。在重塑一些观念的同时，重新找到自己的价值、信念和意义，活得更加自由。

第一节　你到底是谁，检视你的身份标签
■　■　■　■

前文谈到了情绪，也谈到了防御，看起来这些就是我的情绪，我的防御。可是"我"是谁呢？

撕标签思想实验

现在我想先邀请大家做一个思想实验，这个思想实验主要在我们的脑海中进行。你可以在一张纸上写下对"如何界定你自己"这个问题的回答。比如你是一个公司的副总，是两个孩子的父亲，是某某的老师，是某个协会的会员等，你可以尽情地列举，如果有足够的耐心，你甚至可以写满一整张 A4 纸。写完后做什么呢？接下来依次说"我不是"。你要用心体会当你说"不是某个公司的副总"时的感觉。如果你觉得这种感觉过于短暂以至于感受不到，那你可以重复几遍某一个"我不是"，直到有感觉为止。

你可能会出现某些情况。比如你有一个"我是某某的儿子"的标签，让你说出"我不是某某的儿子"很困难，因为这完全违背了事实，但即使困难，我也建议你坚持这样做试一

试，看看它难在哪里，如果有不舒服，看看那是一种怎样的不舒服。如果你实在没有办法执行每一个"我不是"，那就保留几个核心的标签，比如"我是某某的儿子""我是某某的父亲"等。

可以看一看你最终在这张纸上留下了哪些标签，哪个标签是你觉得万万不能少的。你也可以借这个机会体会一下，这几个标签对你的重要性究竟在哪里？你觉得你身体的哪个部分在响应这个标签？有没有哪个标签几乎是你生命的全部？哪些标签让你产生了强烈的认同感？哪些标签是你难以割舍的？这个思想实验有助于个人反思标签对自己而言究竟意味着什么。祝愿大家有令人喜悦的发现。

我们真的由一系列标签所组成，谈到标签时，我们的脑海中所浮现的形象可能是一个物体的表面被轻易地贴上一些东西，这些东西像便利贴一样。可是有一些标签，它不只是被贴在外面，还可能被贴在灵魂里面，我们会对这个标签产生非常强烈的认同感，我们会相信这绝对不是标签，而是我们生命的固有部分。此外，我无意推翻大家"生命的确有很多的固有部分"的观点，因为我也有很多难以割舍的标签。

现在我想请大家换个角度思考，**你身心的某些不舒服的感受其实也是标签**。"我是一个容易焦虑的人""我是一个闷闷不乐的人""我是一个悲观的人""我是一个自闭的人""我是一个不合群的人"……乍一听这些标签，我们似乎很乐意把它们撕掉，但撕掉它们真的有那么理所当然吗？也许**在某个标签快要被撕掉时**，我们会对那些本来不喜欢的标签产生疑问甚至爱护的心理。痛苦的标签和喜欢的标签一样，也会被一些人爱护，甚至很多人对"我就是一个没有价值的人""我就是一个注定失败的人"等负面标签的珍爱程度深到自己都难以想象。

每个人的标签发展历程

在人生早期，我们的标签和我们自己的主观意识其实没有什么关系。比如，很多人在出生前，父母就已经为他们取好了名字，或已经挑选了几个名字，只等生辰八字来确定用哪一个，而这些名字已经包含了父母的某些愿望。

所以在你降生到世间前，其实已经有一套标签在等着你，父母可能会想"他的身高应该像我，口才应该像你"，所以你就被贴上了"个子高""口才好"的标签。如果你今后恰好就是这个样子，那你肯定更难撕掉这些标签；如果你不是这个样子，那这会是令父母不悦的事情，虽然他们不见得能感受到这种不悦。

每个人出生后都会有一大堆标签纷至沓来。比如邻居会说："哎，孩子很像妈妈。"长辈会说："孩子像爸爸。"这些都是标签。如果你从小就总听别人说"你长得好像你爸（或你爷爷）"，如果刚开始你只是长得像，好像还没有完全接纳别人给你的标签，那么接下来你有可能在一举一动、走路说话的姿态上，都会和父亲（或爷爷）变得更像，你的标签也就越贴越牢固了。

等到你进了学校，老师们也会给你贴标签，比如你是一个优等生、一般的学生、学习较差的学生……哪怕你忘了具体的标签内容，但被贴上这些标签的感受，你很有可能会一直记着，这些感受会留在你的骨子里、血液里，一直伴随你成长。

随着你渐渐长大，你会自己给自己贴标签。到了青春期，你可能会有崇拜偶像的行为和参加群体的行为。这两种行为对青春期而言很正常，因为正是这些行为使你从原生家庭里走出来，这是一个分化的过程。所以你有选择偶像的自由和选择群体的自由。你选择了哪个偶像，其实就表明你认同这个偶像的一些特质，这时你也在不知不觉中给自己贴了标签。

比如，我在念大学时曾兼职做一个孩子的家教老师，第一次走进这孩子的卧室时，我被满屋子 A 明星的海报震惊了，这个孩子将自己视为 A 明星的分身，这就是明显的自己给自己贴标签行为；或是参加了某个"群体"——这个群体并非是社会上的那种群体，像某个被老师喜欢的课代表联盟，其实就是一个群体，某个老师眼中的"好孩子"联盟也是一个群体，加入某个群体也是一种自己在为自己贴标签的行为。

在整个学生生涯中，我们会陆陆续续地，或主动或被动地给自己贴很多标签，日积月累地贴了很多层，所以当我们步入社会时，已经是一个从内到外都贴满了标签的人。**如果一切正常，那你不会留意到这些标签给你带来的影响**；如果这些标签之间相互和谐，那就更好了；如果你的标签里面有"常胜将军""一帆风顺"这样的标签，当你受到一些挫折时，挫折就开始撕下你的这类标签了。新的情境可能会为你贴一个糟糕的新标签。标签与标签发生冲突时，你对自己的认知也会出现冲突。

在出现冲突时，很多人为了使自己的内心重新达到和谐状态，会不断地给自己**"打补丁"**。比如，评价自己"我有时是一个这样的人，有时是那样的人""我原来可能具有双重人格"等。通过打补丁，标签体系可以保持稳定，但也有失效的时候。一些人到了中年时，打补丁让他精疲力竭，最后不得不再次回到那个问题——"我是谁"。幸运的是，现在我们也可以"做减法"，就像我刚刚所说的，你可以撕掉自己的标签。在社会生活撕掉你的这些标签前，你可以在自己的思想中探索：这些标签对你意味着什么？如果撕掉这些标签，你还剩下什么？这其实是一种精神层面的修炼。如果你自己先修炼了自己，那等社会再修炼你时，你就胸有成竹了。

反思作业

大家来做一个练习，你可以用红笔写下你喜欢的标签，用蓝笔写下你不那么喜欢的标签，然后仔细审视这些标签，按照对它们认同的程度将标签排列成同心圆，或是一个复瓣的花的结构，依次把最认同的放在最靠里的位置，最不认同的放在最靠外的位置。看一看在最内层是什么，也就是你最认同的是什么；然后看看外面的第二层是什么；有哪些标签你曾经拥有，但后来又失去了；如果有可能，你希望在接下来的岁月中，获得怎样的标签。

如果你能很用心地对待每一次实验，我相信这些思想实验对你的影响可以超过你参加 30 次比较专业的心理治疗或精神分析师的探索带给你的影响。希望大家能给自己一点儿时间和耐心，试一试、看一看。尤其对于几个最核心的标签，我建议你依次体会你联结这些标签时的主要情绪，观察它们之间的配重关系，以及它们是如何实现平衡的。

第二节 总也静不下来，心里全是杂念

■   ■   ■   ■

在做思想实验的练习时，你可以把做练习的过程当作一集时长较短的、打开了弹幕的电视剧，有没有发现你的头脑中会飘过很多像弹幕一样的想法？

比如"我是张沛超，我是专攻精神分析的心理治疗师"。按照思想实验的方式，接下来我就应该说："我不是专攻精神分析的心理治疗师。"接着我会问："我怎么不是？我专攻精神分析了这么多年，谁说我不是？谁说我不是，那我要问问他，我不是，难道他是吗？"

可能有非常多类似这样的想法滑过你的脑海，或者到了最后，你最核心的标签就是你的名字。如果我说："我不是张沛超。"我马上就会有很大的反应："我怎么不是张沛超？我当了这么多年张沛超，我不是张沛超，张沛超去哪儿了呢？我不是张沛超，别人找张沛超怎么办？"而这些反应可能是在一瞬间产生的，你看，我们的**自动思维**或说**杂念**几乎密不透风，它们很像是你看视频时把整个屏幕都盖满的弹幕。这只是我们利用这个思想实验观察得出的结论，你看完后可能会哈哈一笑，觉得很有趣。可是我要告诉大家，我们从早上睁眼到晚上闭眼，

其实基本上都处于这样的状态，只不过我们脑海中划过的那些思想，也就是那些"弹幕"的速度太快，量又太大，它们好像制造了一种磨砂的效果，让后面的视频内容变得不那么清晰。这就好像我们的想法过多，念头过多，反而盖住了我们内心最真实的想法与诉求。

很多时候我们就生活在这种杂念或自动思维所带来的磨砂效果中，或者说生活在局部的马赛克效果中。生活在这种效果下，注意力不会轻易被杂念拉过去，不过一旦有条弹幕卡住了，或是有变换颜色或字号的弹幕出现时，我们就会意识到"原来我有个这样的弹幕"，我们的注意力就会被其吸引。就像骑自行车时，你可能不会注意到脚蹬，但一旦它出了问题，它的存在就变得特别强烈和明显了。**我的来访者中有些人就是这样的，他们在顺境时没有意识到杂念，碰到麻烦时才意识到。**比如，一个人要登台演讲，他一想到这件事情就觉得很有压力，脑袋轰的一声就"大"了，他可能会说："怎么办，有多少人在下面看着？领导是不是在看着、同事是不是在看着，我的表现会不会很差，我的发型是不是不好看。我演讲的时候结巴了怎么办，我结巴了别人会怎么看我？别人会不会觉得我特别傻、特别差劲，连话都说不好？如果这样，他们是不是在笑话我，他们是不是已经在笑话我了，只是没有人说出来？会不会全公司的人都知道我是这样的人了，知道我笨嘴拙舌不会说话？他们知道了又不说，他们憋着多难受？以后他们怎么和我见面交往？如果大家都憋着，都一起在背后议论我，我以后怎么和他们互动？"你看看，"弹幕"在这个时候就忽然集中出现了。

这些念头本身都是带着情绪的。如果是一点儿情绪还好，但通常，大量的"弹幕"会带来大量的、没有办法消化的情绪，这些没有办法消化的情绪可能会呈现在我们的身体层面。我们会出现嘴干、眼涩、脸红、手抖、气短、腿软等反应。这个时候这个"视频"也就播不下去了，我们也没有办法再继续想了。

所以一般来说，我们在什么时候才会意识到我们是有杂念或自动思维的呢？通常是在我们遇到麻烦时。因为念头本身可以分为积极或消极，自动思维也是如此。

以演讲为例。一些人天生就很自信，他们要上台前的自动思维不是胆怯，他们的脑海中可能会闪过这样的弹幕："我太厉害了，终于有机会展示自己了；我是这么优秀，今天好多人将见证我的优秀；这些人不说话，一定是在内心暗暗为我叫好，他们一定觉得我是这个公司最厉害的人；大家都会向我学习。"这一系列的自动思维都会辅佐你的表现，让你表现得更好。但是，如此顺利的表现可能让自己无法觉知那些自动思维的存在。

反过来同样的情境，多数人上台前会说："我受不了了，我太紧张了。昨天晚上睡觉前我还在想着这件事情，早上一醒过来，第一个念头就是——天哪，我要登台了，我要丢人了。"

心理疏导其实就是在帮助人们仔细地观察这些杂念，如果你让对方看上一阵子，他自然就会明白，这些杂念或者说自动思维，不管你有没有看到，有没有觉知到、记录到，它都一直存在，甚至如果**你的觉知力增长到一定程度，晚上在你的梦中，这些杂念仍然会发挥作用。**

如果你白天焦虑，那么晚上做的梦很可能会和白天的焦虑相呼应。比如你白天担心登台会怎样，那你晚上做的梦可能就是自己到了悬崖边，身后有狼在追你，因此你只能跳崖。所以只要有一种不胜任感，我们前面谈过的"怕""烦"就会不分昼夜地笼罩着你。所以，如果你不对这种杂念做点什么，它每时每刻都会存在。

因此，当你被自己的杂念卡住时，作为咨询师，从心理疏导的专业角度看，我要恭喜你，你终于有机会看一看自己有哪些自动思维了。过于顺利的人生会让你处于一种没有觉知的状态，这样的人生像一条暗渠般单调而乏味。

在被杂念卡住时，建议你给自己植入一个自动思维，那就是——**"机会来了，机会来了，看看杂念，看看杂念"**。形成了这种自动思维后，你就从在杂念的污水沟里打滚求生的状态变成坐在杂念臭水沟旁边的状态了，当然，卡住你的杂念仍然是臭水沟，仍然不能让你心生欢喜，可是这不也是自己的一部分吗？**不管你爱与不爱，这些暂时都是你的**，要学着接纳自己的这部分。

有了这种自动思维之后，你就要尽可能多地抓住杂念。比如，你这个时候冒出一个杂念："我很差，我好差，我接下来一定会失败。"你可以把这个杂念多重复读几遍，甚至可以读出声，以便更好地体会它。

在读出声的过程中，留意你的**声音有没有越听越像某个人的声音？**我一般会在咨询中请来访者听一听"我好差、我好差、我好差、我好差"是男声还是女声，是一个年老的声音还是年轻的声音。当对方能思索下去时，往往就会出现一个故事或一个情境。这时正是对**这个自动思维追根溯源的好机会**，这种思维肯定是某一天，在你不知不觉的情况下进入你的生命体系的，它会在你基础的生命系统中自动循环。

除了读出声之外，这个时候也要用心体会身体的反应。比如，当你说"我很差"时，有没有感觉自己的身体在变得稍微有些紧张？有没有感觉自己本来挺直的背一下子弯了下去？有没有发现自己的心脏怦怦地跳、脚心出冷汗？**你可以好好地体会身体对杂念的反应。当你用整个身心体验这个已经被读出声的杂念时**，我猜想，你在很大的程度上已经回想起了什么，**杂念是一种来自过去的呼唤**，你当年一定从某个人那里听到过它，只不过不是"我很差"，而是"你很差"。在思想实验中，如果有可能，你可以回到那个情境问问那个人："你为什么说我差？我哪里差？"你听一听，对方究竟能列举出你的哪些

"罪状"。我的一些来访者在这样做了之后，发现那个人竟然说："我说着玩玩的，你怎么当真了？"这个时候来访者就会觉得很委屈，他不仅当真了，而且还当真了好多年。这个"程序"在他的"硬盘"上不断地被复制，究竟占了多大的一块"内存"呢？而且这个程序每天一开机就自动启动了，这些年来耗的电，因被耽误而无法启动的正常或积极的自动思维，都不知道有多少。所以我们说抓住杂念也是一个查找自己系统缺陷与漏洞的大好机会。

　　我之所以不厌其烦地讲这些，甚至以我自己为例，是希望向大家植入一个新的自动思维，那就是：闻杂念则喜。一有杂念，马上在心里搬一个小板凳准备仔细看看，有的时候不仅要看而且还能演，这其实是件很有趣的事。

第三节　我们为什么会有那么多预设
■　■　■　■

本节探讨"如果……就……"句式对我们的影响。

这一主题的灵感来自电视剧《武林外传》中佟掌柜的经典台词，剧中她总说："我错了，我真的错了，我从一开始就不应该嫁过来；如果我不嫁过来，我的夫君也不会死；我的夫君不死，我也不会沦落到这么一个伤心的地方；我要是不沦落到这样一个伤心的地方……"通常她说到这儿就会被别人打断，这段话通常让我们会心一笑，觉得好荒唐。但这段台词就表现了一种生活中常见的思维：预设。

预设通常会有两种来源：别人的言传身教与个人的体会习得。

其实**我们的头脑中每天都运行着大量的"如果……就……"句式。**以我自己为例，当我还是一个学生时，我就会有很多"如果我怎么了，就会怎样"的想象。但由于职业关系，我会接触各行各业的人，其中不乏非常成功的精英人士，他们的生活经历以及人生体验似乎把我"如果……就……"的假设一一击溃了。这个时候我才发现，比较圆满的生活好像真的不是"如果你怎样了，就会怎样"的。

　　我们的头脑中为什么会有这么多的"如果……就……"式的预设呢？因为**这样的句式是我们习得的**。它一部分源于我们的父母的言传身教，另一部分源于自身的经验或经历。大家可以回想过去，想想有没有从父母或老师那里听到过"如果……就……"的经历？父母或老师有没有告诉你，如果你现在不专心学习，你就考不上好大学；如果你考不上好大学，你就不会有好工作；如果你没有好工作，你就赚不到很多钱；如果赚不到很多钱，你就会成为一个失败者；如果你是个失败者，你的人生就完了；如果你的人生完了，你活着有什么意义……

　　这种看起来似乎逻辑缜密的论证好像还有很多。我们每个人其实都生活在这种"如果……就……"中，每个人都在慢慢把这些观念转化到自己的思维体系中。

　　除了这些我们从外界接收的"如果……就……"，我们也会在自己的生活中慢慢形成属于自己的"如果……就……"。比如，我们在做错了某件比较重要的事情而懊悔时，可能会对整件事进行复盘，这个时候我们可能会发现，其中的很多环节我们貌似可以做得更好，这就是"后悔药"思维——如果当时不那样做，结果就不会是这个样子；如果当时听从了朋友的建议，现在情况就会完全不一样。

热衷预设的原因：虚幻的掌控感

通过一次又一次的预设，我们仿佛又获得了对人生的掌控感，会产生"我很厉害，我的生命、我的命运都在我自己的掌握之中，这次虽然没做好，下次再小心一点儿就是了"的想法。而内心的预设往往很快就会成为信手拈来的借口。因为当碰到某些不如意的事情或者没有做好的事情时，如果我们不愿意承担由此产生的自责情绪，就会给自己一个合理的解释以求得内心的平衡，于是预设变借口的戏码一次次地上演。

但通常而言，我们倾向于把这种"如果……就……"的句式用在别人身上，也就是认为：我们之所以没有做好这件事情，是因为别人对我们产生了某些不好的影响，或是因为别人妨碍了我们，如果他们不那样就好了。

事实上，这种预设思维和前面讲的自动思维差不多，几乎全天都在不间断地运行。比如，大家在翻开这本书之前，会不会有一些假设或期待："如果我看了这本书，可能会学到很多不同的东西；如果我学到很多不同的东西，可能会比别人更厉害；如果我比别人更厉害，就会有更多的资源；如果有更多的资源，就会变得更成功；如果我变得更成功，实在是太完美了。"这种逻辑从某种意义上讲是可以推演下去的，虽然它可能不够合理。

所以，我们会对自己的过去形成一整套预设的理论，以这

种环环相扣的方式让我们觉得过去的一切都在自己可控的范围内，从而获得一种掌控感：我的人生完全掌握在自己手里，只不过有时候我不太小心，有时候别人会给我找麻烦。

预设的负面影响：无法全面地看待过去、看待自己

这种思考方式会让我们没有办法以**全景的视角**看待过去。**我们在学习过程中，会倾向于简化这个世界**。如果是做个实验，那么我们可以通过分别控制不同的自变量观察某一变量对实验结果的影响。这样我们的确能得到一个非常准确的"如果……就……"的结论。可是，人生没有办法做对照实验，而且人生中的变量实在太多了，简直无穷无尽，每一个变量又都不是我们能任意设定的，因此想要实验很难。

比如，你没有办法选择自己的父母，你所出生的家庭决定了从一开始就会有非常多的东西是"定数"。你无法假设如果自己不是出生在这样的家庭会怎样，因为在有个人的意识前，你已经不自觉地接受了这个家庭中的很多理论和信念，背负了很多指望与指责。

意识到这些后，你就没有办法再假设"如果这一切都不是发生在我身上"，因为这种假设不可能成立。所以我们生活中

的很多因素可以说是有**路径依赖**①的。这些因素的极端复杂性会让我们在面对自己的命运、自己的过往时，体验到一种无力感、失控感。

为了对这种无力感、失控感进行配重，我们会想象出一种胜任感，给自己创造很多理论。通过这样的理论，我们把过去没能掌控的生活，幻想成原本可以掌控的生活，并从这种幻想中找到某种自信和胜任感。

我们对未来也是如此。比如，我们内心追求一种东西，但这种追求又有点叶公好龙，而用一个不会兑现的"如果我很成功，我将怎样怎样"的空头支票麻痹自己，就仿佛获得了对未来虚幻的掌控感。

现在大家已经能看出来，自己为自己创造的虚幻的掌控感在本质上有很大问题，我们需要放弃这种预设。那么，如果放弃"如果……"以及对"就……"的期待，你猜我们会处于一个怎样的状态？

应对预设的具体方法：充分体验

我们能在多大程度上放下这些假设，就能在多大程度上活在当下。活在当下这个说法听起来特别像是"鸡汤"，但我要

---

① 路径依赖：人们一旦做了某种选择，就好比走上了一条不归之路，惯性的力量会使人们不断自我强化这一选择，并轻易走不出去。——编者注

说，你对当下觉知的时刻，才是真正能掌控自己人生的时刻。因为这时，你不再假设什么东西过去发生了或没有发生，你可以非常宽泛地吸收各种各样的信息。你对当下的觉知越透彻，就越能拥有真实的掌控感。

所以，与其不断用假设麻醉自己，不如把握当下，也就是对一个现在遇到的、想到的每一个假设追问到底，即充分体验"如果……就……"链条中的任何一环。只要你能充分地体验它们，这些话的能量其实真的就会输入你的系统。如果一个人有很多的"如果……就……"，我们可以对其中一个追问到底。以"如果我当时努力学习了会怎样？"为例，充分探索其可能性。如果你当时真的努力学习了，那么你的努力学习体现在哪些方面？这个时候，大脑中就会出现一系列的变化，虽然是在设想改变过去，可真正的变化却发生在当下的头脑中。有人可能会说，你假设的这些东西都发生在过去，你又不会真的回到过去重新开始，那这些假设有什么意义？当你充分体验了这个"如果"背后的可能性时，在你体验这个"如果"的过程中，这种可能性其实就在当下，在你的脑海中被实现了。所以这个把握当下也是一种技巧。

大家不妨在合适的时间思索一下你的"如果……就……"，然后看看你能不能用自己的身心充分体验其中的任何一个，充分体验后，你再看一看，自己的状态是不是出现了一些奇妙的变化。

第四节　四大悲惨核心信念：那又怎样
■　■　■　■

如果把思维体系比作一颗洋葱，自动思维就像是在最外层，再里面一层是"如果……就……"，再剥一剥，最内层的就是**核心信念**了。

四大悲惨核心信念的内容

举个例子，一个人因为要在公众面前演讲而感到窘迫，他肯定会有很多**自动思维**，比如"我是不是看起来很傻""他们是不是在嘲笑我""我的表现是不是很糟"等。

如果我们深入探寻任何一个自动思维，就能发现一连串**预设**。如果我表现得很糟会怎样，那么别人就会看出来；如果别人看出来会怎样，他们就会笑话我；如果我被他们笑话会怎样，那我会感觉自己是一个很差的人。我们对"我是很差的人"这句话的相信程度有多少？有些人可能会说全部，这其实是一个非常关键的**悲惨核心信念**。

大家有兴趣可以自己做这个实验，无法推演下去也没关系，你可以每次都从上次断掉的地方重新开始。

经过反复的实验，我发现悲惨核心信念大概有四个：**（1）我是没用的；（2）我是不可爱的；（3）我是有罪的；（4）世界是危险的。**前三项都在说"我"，第四项在"我"之外。有些人可能更多地关注"我"这个层面，因为他已经没有机会，或者说没有胆量去看、去体会世界，他完全陷入了"我"的世界。

也有一些人，他的核心信念聚焦于世界的危险性，而在有关"我"的三个层面中，他也许会觉得自己不可爱，但自己有没有用呢？还是有用的；有没有罪呢？也不见得有罪。

悲惨核心信念的来源之一：代际传递

如果是代际传递的情况，我们可能根本没有力气同自己辩白。为什么呢？因为这样的信念可能传承已久，有些根深蒂固了。

比如，如果某位女士觉得自己没有价值，觉得"我是一个没有价值的人"。你会发现，当她谈论起自己的母亲时，她母亲也会觉得自己没有价值，而且当她和母亲聊起已经过世的外婆时，她了解到外婆也觉得自己没有价值。更悲哀的是，她察觉到即将成人的女儿情绪似乎不大对劲，问了之后，女儿说出的一番话也让她很惊讶，女儿也觉得自己没有价值。

她发现她的家族中已经有四代人都觉得自己没有价值，而且每个人论证自己没有价值时所列举的证据完全不同。有人更强调人际关系，有人可能强调自己的表现。但不管她们从哪一点进行论证，这四代人都认为自己没有价值，她们的核心信念高度一致、坚定不移。

所以，**我们的确有可能从一个家族中继承某种黑暗的"传家宝"**。如果发现了这种现象，或许我们就会想："外婆的妈妈是一个怎样的人？她会觉得自己有价值吗？"如果不是在某一天通过追溯自动思维、预设发现了这个真相，我们可能始终都会被内心深处的这句咒语压得透不过气，而且根本不知道是什么在压着我们，这种情况很可怕。在我看来，这种情况最难求解，因为我们不知道它的根源在哪里。

悲惨核心信念的来源之二：创伤与打击

形成悲惨核心信念的第二种途径是个人的挫折经验。比较典型的情况是小时候受到了某些打击，这个打击又超过了当时能承受的程度。

如果一个大学老师批评我"你好差劲"，我可能会觉得"我才不差劲呢"，因为这个时候我的内在有一定的力量，我可以选择不吸收这个不属于我的信念。

但对一个孩子而言，权威的论断是很重要的，如果他的小学老师说"你好差劲"，他会非常相信这句话，并且把这句话工工整整地写到自己内心最深处的"本子"上，甚至经常复习，这种冲击可能会带来**路径依赖效应**——从此以后，他会羞于去见那些有可能会夸奖他的老师，他可能会被贬低自己的老师所吸引。不要觉得这样的事情很荒唐、很少见，在我看来，它几乎是人性共通的一部分。

有人可能会问，为什么会这样呢？

每个生命其实都在努力地维护自己的**连续性**。简单来说，连续性就是你一觉醒来觉得今天的自己还是昨天的自己，如果昨天的自己深信自己没有价值、有罪或者不可爱，那么今天的自己睁开双眼就会开始延续这样的信念，不然自己就不是自己了，那多可怕。所以，这种最核心的信念一旦形成，就会像手机里的某种程序一样，会随着开机启动，甚至在关机后仍然以某种潜伏的方式强化自身。

如果我们想找到自身的某个小缺陷并对其进行修改或删除，这其实比较简单；但如果我们想消灭四大邪恶的、杀伤力极强的核心信念，却是非常困难的。不要说消灭，即使是动摇，所需要的时间也要以年计。所以我完全不会期待大家读完这本书后就能脱胎换骨，这是不可能的事情。能够对那四大悲惨核心信念的相信程度有所降低，就已经很不错了。如果你能举出更多的反例，比如在面对"我是不可爱的"这个信念时，你有没有觉得自己还有点儿可爱？如果你有越来越多这样的反例，那是很让人欣慰的。

对抗四大悲惨核心信念的方法：直接面对

如果我们想对抗这四大悲惨核心信念，应该怎么做呢？

一个比较简单的方式就是你把它当成一个"咒语"，即反复地念"我是有罪的……"，你可以先念 1000 遍。可能你念着念着，身心中某些深埋的感受就会慢慢地浮现。当这种感受活过来时，不要一下子又被这些东西吓跑了。你想想，你刚刚念了多少句"咒语"才把它们唤醒。当它们出现时，你要好好地体会一下。通常这个时候，你的整个身体、身体的某个部位，或你的呼吸，会有一些感受变得更强烈。你可以在可控范围内任由它变得强烈，你甚至可能号啕大哭，这个也无妨，反正没人看见；你可能会感觉透不过气来，只要你没有真正的生理疾病，透不过气也不要紧；你还可能会感觉到身体都麻木了，那你就好好体会麻木的感觉。

但更常见的表现，是某一段记忆"活"了过来。

某段记忆活过来时，我建议你最好拿出纸和笔简要地记录它。如果以后你再次想到这个场景、这个故事时，你可能需要对记录下来的内容进行深化或调整。随着你的深化或调整，你记下来的这些东西也会不同，你在审视它时得到的体验也会不同。

当这种情绪达到极点时，我再送你另外一句"咒语"——**那又怎样？** 这句"咒语"可以接在上一句"咒语"——"我是有罪的"后面，并且把它们连起来念 1000 遍："我是有罪的。那又怎样""我是有罪的。那又怎样"……

体会一下自己这个时候的感受，你会发现其实真的没有什么，可能当时我们受到的就是别人无心的伤害，或是自己无意间得到的"传家宝"。现在我们既然成年了，就要用成年人的方法对付它。这些创伤和打击虽然对当时幼小的你而言很强大，但现在的你可以说——那又怎样？

"这个世界是危险的，那又怎样？难道你一点儿应对危险的能力都没有吗？""这个世界是危险的，那又怎样？它没有不危险的地方吗？没有一丁点儿的趣味吗？""这个世界是危险的，那又怎样？你有时候不也会很兴奋吗？有时候你不是也会故意做一点儿危险的事来让自己更快乐吗？"……

可能在"咒语"的争执过程中，你的心就会被锻炼得更结实一点儿。有些时候你虽然仍旧带着前文提到的悲惨核心信念在生活，但说不定你会产生新的核心信念，因为你可以在任何情况下都说：那又怎样？

第五节　如何剔除荼毒心灵的思想病毒

■　　■　　■　　■

在了解了自动思维、预设、核心信念这些概念后，我们现在知道我们的内心世界充斥着很多声音，那么这些声音都是从何而来呢？我们从**文化基因**的角度进行分析。

了解文化基因

谈文化基因前，我们先追溯探索基因是怎么一回事。基因其实就是我们的遗传密码，人之所以长成现在的样子，就是由于 DNA 里有很多编码，这些编码在一个人的发育过程中被逐渐翻译出来，最终就形成了一个人的样子，而呈现的每一种特征都被称为**性状**。

我们从上一代继承的基因会以同样的方式传给下一代。从这个角度来说，也可以说人类是人类基因复制自身的工具。那么文化基因是怎么一回事呢？基因的英文单词是 Gene，文化基因是 Meme，两个词的词性和发音都有点儿像，那文化基因是不是也和基因有着同样的特性？我们头脑里的信念和自动思维，是不是也像我们的 DNA 一样，借助人类的躯体不断传播呢？而在我们意识到这种可能性前，我们是不是已经被预先装载了一套文化基因呢？

前文讲过，我们很有可能受父母、家族、老师、偶像、书籍等的影响形成很多信念。比如好不容易才得到了一本书，我们如饥似渴地阅读它，而这样做时，书的作者的一些信念就通过阅读活动复制到了我们的头脑里。如果我们读了书后感觉特别兴奋，又摘抄了一部分内容发到自己的朋友圈，一些朋友被我们的分享所吸引，然后也去买书来看，那么哪怕他们没有阅读全文，但至少书中一部分的思想、信念已经传播给了更多的人。

这种形式是不是和病毒的复制方式有一点儿相似，病毒的特点是什么呢？它要快速复制自身；为什么要复制自身呢？因为它不复制时，其实是一个非生命体。当它进入人体后，它的生命性才会开始显现——尽管这样的生命性从接管我们的细胞开始。

如果一本书籍不被阅读，书籍就有些像一种静态的"病毒"。直到某一天有人开始阅读它，这个"病毒"就好像在另外一个人的头脑中活了过来。

推敲"适应"

大家可能会产生疑问，难道我们什么知识都不要学，让大脑空空如也吗？那我们要如何适应社会呢？对于这个问题，我也没有完美的答案。不过"**我们一定要适应这个社会**"这种话是谁说的呢？如果说这是一个核心信念，那么这个核心信念又从何而来？

我的来访者群体大多由在"适应"方面出现问题的人构成，**当然有些人是不适应外在的环境，还有些人是不适应内在的环境，不适应自己的内心。**但通常我在提到适应时，是指适应外在的要求。"我们最好适应外界，或我们一定要适应外界"这种信念从什么时候开始被植入了我们的脑海中，我相信如果让大家反思这种信念的来源，大部分人根本找不到。

可能父母从小会教育我们，在不同的场合要举止得当，要适应各种行为要求。不随地大小便，是一种适应性行为；见到叔叔阿姨应该叫得亲热一点儿，也算是一种适应性行为；上课时老师要求要坐直，不能私自说话，要遵守上课时间……这些都算是适应性行为。可能不知不觉间，我们已经深深地相信，我们需要适应外在的世界。我们适应外在世界的程度越高，成功的可能性就越大。

推敲"成功"

那么这里就又有一个问题了，我们需要推敲一下"**成功**"。你从什么时候开始意识到自己必须要成功？如果你身边有小孩子，你会发现至少在一段时间内，孩子并没有与他人比较的成功心，让他做一些很简单的事情时，他看起来也是快乐的。但我们现在提到成功时，肯定不是做一些很简单的事了。如果是大家都能胜任的事，你的成功从何谈起呢？所以不知道从什么时候开始，我们接受了某种信念或思想病毒：**比别人更成功，才是真的成功**。

推敲"别人"

这又带来了另外一个概念——**别人**。每当我听到来访者说别人时，我都会问他："**当你想到别人时，你想到了谁？**"这其实很有意思，有些人也没有想到谁，但他坚信别人对他有这样的要求。而现在，我们的"别人"从哪里来？你只要打开手机，里面就有很多讲着故事的新闻和文章，这些故事或外显，或内隐地在推崇着某种价值观、某种生活方式，甚至是赤裸裸地推崇某种商品。它们告诉人们：如果使用我们的商品，那么你就很成功。因此，这些"别人"就在我们阅读时、浏览手机中的文章时、电脑网页浏览时，不知不觉地进入了我们的头脑。

应对内心冲突

这样一来，问题又来了：**究竟谁拥有了生命的主动权？**我们的生命看起来好像很自由，很有自己的想法，可是如果我们仔细推敲这些想法，如刚刚提到的适应、成功、别人，就会发现这些想法可能来路不明。世界上好像存在着一些我们不知道边界在哪里的生命体，它们才是信念的来源，甚至它们之间还存在竞争关系。

当它们存在竞争关系时，我们的头脑就同时被植入了两种信念，或说得可怕一点儿，同时有两种"病毒"。比如一种信念要求你应该在大城市打拼，最好是能有一间可以俯瞰整个城市夜景的办公室；另一种信念告诫你应该离开大城市，到一个遥远的乡村做慈善或支教。

可能两个你不知道边界在哪里的生命体都想在你的头脑中复制自己，这时**内心冲突**就出现了。有些人会意识到这是两种思想出现了冲突，有些人则不会意识到，他们只会觉得不舒服。如果你属于后者，那你就要想一想，在你头脑中竞争的这两种思想"病毒"，或是两种文化基因的来源分别是什么，它们是从什么时候开始进入你的头脑的，甚至什么时候开始调控、改造你的头脑的。

如果我们能意识到是怎样的两种思想在我们头脑中发生了冲突，我们也可以想想，复制与传播在冲突中胜利的那种思想有什么好处？如果没有意识到自己存在着怎样的思想冲突，我们可能需要别人指点我们思想冲突的来源是什么，很有可能旁观者一下子就看出来了，然后脱口而出："你的这两种想法不就是父母对你的期待吗？"

大部分被父母养育的人，内心不可避免地会有两套系统在竞争，因为不管你的父母有多么情投意合，他们毕竟来自不同的家族，两个家族的信念、价值观可能都不同。所以如果想在内心没有冲突，仅仅从这一点来看，就很困难。

读到这里，大家是不是觉得特别悲观？我们的大脑好像就是一个培养"病毒"的培养皿，生命存在的意义就是为了让各种来路不明的信念在我们身上不断地复制。

有没有摆脱这种困境或者多重困境的可能性？大家有没有留意到，你们现在是不是也在接受着来自我的信念？这会是一种有利于大家的"病毒"吗？当新的信念进入大家的头脑时，将会与大家原有的信念出现怎样的竞争或杂交关系？你在读这些内容前，有没有产生过类似的想法？所以现在有些读者在看到这些内容时，也可能会觉得"里应外合"。当我试图传递出一种信念，或说一种文化基因时，其实也是在复制我头脑中的一些东西，而这些东西对我的身心有帮助，它们使我感觉更自在。如果你们想追求内心的自在，不妨从这种思维角度，好好地想一想，仔细清点头脑中的信念。

第六节 催眠与洗心

■　■　■　■

被人催眠与自我催眠

你会发现，我们以为的自己的想法很有可能不是自己的想法，我们所坚持的信念很有可能只会消耗生命，我们非常乐于传播的理念很有可能是在找下家的思想"病毒"。能说明这种"我认为"和现实之间的差距的典型例子就是**催眠**。

一般来说，人们只要遇到学习过心理学的人，都会问，你会不会催眠？比如我就经常被问这个问题。说实话，我还真的会。但当别人这样问时，我通常都会回答我不会，为什么呢？因为我不喜欢这个词。又是"催"又是"眠"，好像接受一方比较容易受别人的影响，而且是一种会被弱化的影响。想一想，自己愿意被看成是这样的人吗？正所谓"己所不欲，勿施于人。"

催眠这件事是有危害的，它就像我在上一节中提过的文化基因，或者思想病毒，其影响是悄无声息的。

思想病毒的危害

我们的心灵充满了尘垢和我们的大脑疯狂吸收的东西。日久天长，我们的内在就失去了它在本来比较纯净时拥有的潜能，逐渐变得**麻木**。注意，当我们变得麻木时，很有可能会看起来更适应社会、更正常，也更成功。

但我们的内在是否希望长久处于麻木的状态呢？一般来说，当我们在生活中取得**成功**后，时间一长，可能就会出现一些内在或外在的障碍。以外在为例，如果有人挑战我们，我们就得被迫再次升级我们的武器库与之战斗，如此斗来斗去，我们就会变得更加疲惫。

还有些时候是我们的**家庭**会出一些问题。当我们过于关注世俗意义上的成功时，很有可能就会忽略家人，甚至牺牲家庭关系。最终，我们的内心也会失衡。

思想病毒还会侵蚀我们的**健康**。要知道这些思想病毒的本意并不是消灭我们，如果它们寄生的宿主被消灭了，这些病毒也会受影响，因为还没有等它们找到更多的下家，它们现在的宿主就不能继续为它们所用了，这不利于它们的生存。

所以，**思想病毒一开始会奖励我们**。它会在物质方面给我们带来一些优厚的回报，让我们的生活水平看起来在逐步提高，我们也很有可能更健康了，拥有了更健康的生活方式。比如像其他人一样去健身房运动，吃保健食品，或者去旅游。但只要它是在利用我们进行复制，就肯定要忽略我们最原始的价值，也很有可能牺牲我们作为一个人所拥有的智慧。时间长了，我们的内心也会变得逐渐缺乏生机。

检查心的尘垢

对于这种情况其实我们应该思考，是不是要开启一个洗心的过程呢？因为这些思想病毒可能让我们每天不断地进行**自我暗示**，而此时，这些思想病毒就在我们的头脑中完成了一次复制，它们不但会阻止我们看到自己内心光明的部分，而且会阻止我们看到与它们是竞争关系的其他思想病毒。

可能有些人对这种说法感到反感或不适应，这时你就能理解到：这是两种信念在战斗。但不管怎样，既然你已经读到了这里，是不是能说明至少你的心里还期待着洗心呢。

如果我们存在着某些**情绪**，就要看一看，它在情绪中的占比有没有过多或过少？哪怕是每天都很快乐，看起来非常积极的情绪，我们也需要观察一下，这种积极的情绪是不是某种**信念**在持续发挥作用。比如，我们读了一些书籍，这些书籍都在强调，人一定要快乐。你每天早上醒来，要对自己说"要开启活力满满的一天"；刷牙时要对着镜子微笑，告诉自己你是最棒的；每天要打开朋友圈，分享一些正能量语句；然后再看一下夸夸群，看看大家有没有相互鼓励……这种方式维持的过度亢进的快乐，可能会持续消耗我们的心力。

我觉得一个正常的人，其实很难长久地维持这种状态。要留意我们有没有类似的、被过度激活的信念，哪怕它带来的情绪看似正面。如果有，我们能不能尝试暂时停止它；如果我们非常刻板地依赖某种防御，如理智化，那我们有没有用这种防御思维强迫自己坚持那个信念？比如专门结交那些和我们一样，或是比我们更理智的人。这样，大家的这些信念好像能稳定地维持复制，进而可能会逐渐变得超理智，更加坚定这个信念。我们会在心底对自己说："不要关注自己的情绪，也不要关注他人的情绪，情绪是一种使人变得缺乏理智、变得脆弱、变得懦弱的东西。"我们的内心也因此再次被蒙蔽。

洗心

比起催眠，我更希望传递一种洗心的观念。具体来说，你可以做一个检查：观察自己日常的一天，看一看究竟哪种情绪一直占据主导地位，哪种方式的防御一直占据着主要的指导地位，或是哪种自动思维一直在活跃着，然后尝试探寻其根源。它们肯定不是从我们一出生就存在于我们的头脑中的。怎么找这个根源呢？我们要仔细体会一下。比如当处在这样的情绪中时，我们能回忆起哪些情境？如果我们在这些情境中同他人是有互动的，那么很有可能在同他人互动的过程中，你被某一种信念感染了。

但时间久了，我们可能会遗忘首次感染这件事情，所以我们要找到首次感染的场景和感染我们的人，这样我们才可能发现某种信念在一开始不是自己的。**接下来，我们就可以思考，自己是从什么时候开始替代这个人，催眠自我并维持这样的信念的。**

我们可能会发现，哪怕这个人一开始以恐吓的方式让我们接受其价值观，日久天长，我们也有可能心平气和甚至欢呼雀跃地遵守这种信念。我们会替这个人不断地加固信念，甚至把它复制给别人。

并且，如果你从你父亲那里获得了某种信念，那你很有可能会把它传给自己的孩子；如果你从老师那里获得了某种信念，你也很有可能会把它传给自己的学生。我们自己的头脑其实被很多文化基因，或说思想"病毒"的链条紧紧地包裹和缠绕着，我们对这一点的认识程度越深，就越有可能摆脱这些。这是一个洗心的过程，也是一种信念。

所以，我们可以问一问自己，这样的生活是不是我们的初心在还没有接受外界信念时所适应和向往的呢？当我们的初心逐渐显露时，我相信所有人在这一点上都是同样的。成功可能会有一种外在的标准，但是自在的标准却因人而异，所以大家看完这些后，要用心考虑一下，你的初心在哪里？它究竟是什么？

第七节　三观新论：找到你的价值、信念和意义

■　■　■　■

这一节我们来谈一谈三观。这个词现在被很多人提起，三观不合也是很多人在没有办法继续互相关注时的常用借口。如果将三观放到文化基因的背景中，它就不是在指传统意义上的世界观、价值观、人生观，而是价值、信念与意义。

我们为什么要在一本有关心理成长、心理自助的书中谈论这些话题呢？因为很多心理方面的困扰归根结底还是三观的问题。我们前文中讲的自动思维、核心信念以及核心信念的核心就是在分析，你认为什么东西是有价值的，你的信念是什么，哪些事情被你视为是有意义的。人和人在这一点上有很大的不同，比如自我探索，能读到这里，其实证明你已经默认了自我探索是有价值的；而在有些人看来，可能自我探索完全没有价值，是无聊的，甚至是有害的。因为他们觉得，自我探索会降低自己的效率。

那么接下来的问题是，为什么会降低效率？什么是有效率？如果你是老板，你应该不会希望你的员工每天都把时间花在自我探索上，即使是从事心理行业的老板，也未必真心希望每个员工都乐于探索自我，因为这种探索不仅费时费力，而且

员工可能会在探索后辞职。所以"有价值的东西是什么",这个价值观需要仔细考量。

日常生活其实就是我们价值观的外显。要了解自己的价值观并不难,观察自己每天在做些什么就可以了。哪怕你告诉我,我不是很情愿做这个,做这个是因为别人让我做的,你每天都因工作疲惫不堪,但只要你每天都在做,也代表你的内心深处仍然觉得它是有价值的。

如果这个价值不是你的终极价值,那它有可能是你实现终极价值的必要过程。比如,你的终极价值是认识自我,但你现在饥肠辘辘,所以你必须要填饱肚子,必须要做一些工作来糊口,其实你也认可这种价值的关联性,因为它最终有助于你追求自己的最高价值,而这种价值的关联性,也被你认为是有价值的。比如,一个幼儿园老师无论怎样都会觉得幼教工作是有价值的;一个乞丐会觉得自己乞讨的生活也是有价值的;就我自己而言,我觉得帮助他人探索自我也是很有价值的,其他的一切价值,都服务于这个价值。比如我开课、写书,做这些事情的最终目的是让我接触到更多的人,听到更多的故事,对人性有更多的了解。这具有普遍性,所以你也可以记录自己一周之内做过的事情,如果有足够的时间,你还可以对它们进行分类,然后你就知道自己追求的价值是什么了。

除了这些体现在行动方面的外显价值之外,你还有一些不见得会体现在行动方面的内隐价值,这些价值不但别人看不到，甚至连你自己也不见得能意识到。

因为这些价值可能比较深远，所以不是在想到后就立即可以完成的。但如果回顾既往的生活，你可以反向思考：**哪些事情自己很有兴趣想试着探索，但还没有实施。思考"没有做什么"也是一个从相反的方面了解内隐价值的渠道。**

那么，信念和价值有什么不同呢？价值通常是一种可计算、可计较的东西，但信念不同，信念看起来没有什么浮动的余地，并不会因为我在当下的活动中，能通过它加多少分，或能够通过它获得多少利益，就选择在多大程度上选择坚持这样的信念。

信念比较内隐，同时也比较深刻。我们要留意自己把什么视为自己的信念。信念这个东西其实很容易受社会趋势的影响。我们某一个时期的信念可能和其他人也没什么不同，别人有什么样的信念，我们也有什么样的信念。因为保持独特信念所带来的风险很有可能会让人走上一条人迹罕至的孤独之路，乃至绝路。所以在承认并且捍卫信念的同时，要注意这个信念本身能否自证为一个绝对无误的信念。**我相信这是孤注一掷的，没有一种外在的承诺会告诉你，如果你坚持自己的信念，最终将获得什么。**

所以从某种程度上来说，信念在成为我们行动的障碍时，就会刺激我们不断地思考、反思、追问自己的信念。

我自己的核心信念其实就是追求和谐，你要不断地确定自己所追求的和谐是什么。内在的和谐并不意味着内在什么东西都没有，也并不意味着内心没有冲突。冲突其实会不断地创造新的事物，不断地改变边界，塑造新的结构，所以和谐也包含了内在的丰富性。人际差距中的和谐不等于委曲求全、忍气吞声，或者做个"老好人"，而是对双方而言，两个人的关系从开始到结束都会让双方成长。最后，人与世界也是和谐的，我们要对万物怀有感激之情、敬畏之心。

这些其实就是信念系统可以被检查的部分。一个人一旦有了信念系统，尤其是让自己感觉和谐的系统，就很自然地能克服别人对他的催眠，也就能处于一种比较稳定的状态。

信念和意义也有关联。你认为什么东西是有意义的？这么问听起来会觉得意义和价值有相似之处，好像意义也有某种可衡量的系统，但意义与价值却又有所不同。

心理咨询与治疗中有一个意义疗法[①]，其由著名心理学家维克多·弗兰克尔（Viktor Frankl）开创。第二次世界大战时期，身为犹太人的弗兰克尔全家都被关进奥斯维辛集中营，除了他和妹妹之外，其他家人全部不幸身亡。弗兰克尔被关进集中营后，他的一部未完成的书稿也被没收了，重写这部书的渴望支撑他想尽一切办法活下去，这是他在集中营生活中找到的唯一

---

① 意义疗法：一种在治疗策略上着重引导就诊者寻找和发现生命的意义，树立明确的生活目标，以积极向上的态度来面对和驾驭生活的心理疗法。——编者注

的意义。在经历了炼狱般的痛苦后，弗兰克尔得以回归正常生活，并以心理学家的视角把自己的经历和感悟写成了《活出生命的意义》一书，开创了心理治疗的意义疗法。他的书鼓舞了很多人，其核心观点是：不管生活多么苦难，一旦找到意义，痛苦就不再是不能忍受的了。

那我们怎样找到意义呢？每个人对意义的理解不同，各个意义理论之间，其实并没有某一种意义在伦理方面具有绝对优先性。即使是不同的人做着相同的事情，这件事情对两个人的意义也不同。比如，同样是做心理咨询，有一些人可能仅仅把它当成一个手艺或一种谋生手段，但有一些人可能认为从事心理咨询有非常深远的意义，他感觉自己在不断地接触人类心灵的复杂性，这种复杂性也有助于他反观自身的复杂性。

很多时候，如果一个人的举动或事业在各个方面上都符合他不同层次的意义理论，那他的人生可以说是很让人羡慕的。同时，如果我们自己的价值、信念和意义，大致都朝着同一个方向，那么我们只要做一件事情，就会在方方面面都取得效果。

我们有时会碰到一些不那么顺心的事情，甚至会产生一些心理方面的困扰，这或许是在提醒我们思考：我们的三观，我们的价值、信念和意义有没有与时俱进，是不是符合自己当前的生活、当前的人生阶段。

所以从这个角度来看，我们人生中的一些不顺心之处乃至心理疾病，也可能是一种征兆，它在提醒我们重新检查自己的三观。

第八节　如果逐个摘下标签，你舍不得哪个

■　■　■　■

　　这节我们来探讨重新编程自己人生的问题。如果用计算机类比，我们的整个信念系统就像是一个操作系统，有些时候我们可以不停地打补丁来维持它，但最终我们可能仍然需要放弃一个老旧的系统，重新进行编程。

　　重新编程显然不是一件容易的事情。一般来说，大部分人会追求熟悉感，因为任何破坏常规的情况一般都会引发一种不适感。

　　前文中已经做过一个思想实验，我不知道大家是不是真的去做了，但你每天都可以做一遍这个思想实验。**因为在不同的情况下，你对某一个标签的敏感度是不同的。**比如"我是某某的父亲"，当你觉得这个孩子表现得特别好、特别可爱、特别值得炫耀时，你就会非常兴奋，会非常庆幸有这个标签；而某一天如果你的孩子表现不佳，让你想撕掉这个标签，你就会不那么果断地付出行动。

　　一旦汇总了所有标签，你甚至可以把它复印 31 份。按照一个月是 31 天来算，你看看自己哪天愿意去掉哪个标签，一个月后，如果你真的坚持这样做，一般就会有重新编程的效

果。**我们自身一定会因不断反思发生变化**。当你在下一个月的月初再次列出这样的一份标签清单时，标签清单很有可能和上个月有很大不同。某些标签的认同程度会增加，比如我从事咨询师这个行业，每一年我对自己身份的认同程度都在增加，现在别人问我做什么，我会不假思索地回答他；但某些标签会自然地变弱，有些时候你不大会意识到你是谁的孩子，可能因为物理距离，也可能是因为心理距离，或者人格的分化程度增加了，你可能就会在某些时候忘掉这件事。所以我们不断增减标签的过程，也就是重新编程的过程。

我猜，说不定也有正处于青春期的学生在看这本书，青春期是一个迅速重新编程的变化期。青春期前，一个人仅仅只会意识到自己是某个家里的人，父母、兄弟姐妹等亲人，几乎是他们的全部世界了。

青春期前的他们，在这个时候会特别执着于这个标签。我不知道大家有没有这种回忆，不管父母怎样，我们在这个时期都会理想化自己的父母和家人。孩子在这个时候对世界的认识还不多，也没有真正的比较能力，但他们坚信自己的家人比别人的厉害。我听过这样一个小故事是，两个小孩在聊天，一个小孩说，我小姨在美国；另外一个小孩说，那算什么？我表姐还在长沙呢。从这个小故事中，你就能感受到他们的认知还不是很清晰。所以，这个时候他们就会特别执着于自己是某个家里的人并且这个家相当棒，它比邻居家的好，也比幼儿园、小学的小伙伴的家好。

随着年龄增长，孩子便不再那么坚守自己的家庭标签，一些小孩子在即将进入青春期或青春期早期时会产生离家出走的想法，甚至少数小孩子会采取行动。这个时候的孩子会有一股力量，这股力量会使他们想撕掉自己是家里人的标签，有人甚至会想象自己的亲生父母或许另有其人，如果这种想象达到了这种程度，就属于非血统妄想①，但这个症状其实也是在反映心底的秘密。随着青春期的到来，重新编程带来的变化也很大，最明显的标签变化就是，我不是这个家里的人。

那我们是什么人呢？这时，我们可能会比较重视自己在学校的各种身份。比如，我是课代表，我是大队长，我评优了，等等。这些身份都是我们新增加的标签。或者，我是谁的男朋友，大家都这么看，等等。这种标签是前所未有的，尽管小时会开这种玩笑，但这种带有性别特征的标签，有点正式、成熟的意味。这个时期还会有前文中提到过的群体行为，也会有偶像崇拜行为，偶像崇拜行为和群体行为有关，因为崇拜同一个偶像的人，自然会形成一个大的"群体"，只是由于这个"群体"规模太大，并不是所有成员都相互认识。

这个时期我们的标签会经历一次洗牌，三观也会发生很大

---

① 非血统妄想：妄想型精神分裂症思维内容障碍的表现形式之一，表现形式为坚持认为自己非父母所生或孩子非自己亲生。——编者注

变化，我们更在意的首先可能是老师怎么看我们，其次是我们
的同辈怎么看我们。在这样的动荡期过去后，我们就成年了。

虽然自己还是自己，但在这时，我们很多的信念和标签都
已经发生了巨大的变化。由于校园生活时间很长，编程工作基
本会在这个时期完成，所以总体而言，进入成年后，编程工作
的变动程度不会很大，也不会很剧烈。很多在学校工作的咨询
师会有这样的经验，一些大学生在大三、大四，也就是即将走
向社会时，会出现心理危机，因为他们即将失去学生这个身份
了。从幼儿园开始到大学毕业，学生身份是非常重要的标签，
如果忽然失去了这个标签，他们觉得难以适应。

但随着时间的推移，最终我们会成功适应标签的变化，在
社会中找到自己的位置。在《论语·为政》中，孔子曾说：
"吾十有五而志于学，三十而立，四十而不惑，五十而知天命，
六十而耳顺，七十而从心所欲，不逾矩。"30岁左右，我们会
有一个稳定的操作系统，这时我们可能会习惯于维持一堆标
签，反正这些标签不能随意撕掉。比如，你不是随时都可以辞
职，过自己想过的生活；也不是想离婚就可以离婚，随时都可
以恢复单身。我们在这样一种无法评判好坏的阶段，度过了很
长一段时间的标签稳定期。

如果我们适应得还不错，自然就会形成自己的三观系统，
而且我们很有可能会把自己的三观传递给下一代。这时，我们
就能在下一代身上看到我们的三观被他们复制，他们在复制之

后将这种三观用于他们的人生。这样，我们的生命也就因三观的延续而延长。从这个角度来说，这时我们的人生好像已经变得更加稳定了。

可是接下来，人到中年。这是一个动荡程度和青春期相似的阶段，但它持续的时间比较长，变化程度也比较大。

不要提到中年危机，就觉得这件事很吓人，并且只会在影视作品里、小说里出现，和自己没有关系。

其实中年危机和青春期危机具有普适性。在中年这个阶段，我们的标签再次被动摇。你如果失业了，你的职业标签就被撕掉了；如果你的婚姻或亲密关系出现动荡，你的婚恋标签也会发生变化；有些人在这时会出现一些真正的危机，可能会出现抑郁的症状，甚至达到抑郁程度；也有可能他本人不抑郁，但他的人格中一直被忽视的消极部分悄悄地传递给了下一代，下一代的信念系统还没那么牢固，很有可能就会被感染且发病，人生也会随之黯然。

标签的动摇有没有价值、有没有意义？据我观察是有的。

如果一个人原来走在一条虚假的道路上（当然这种虚假是事后才知道的），那么现在的危机就会促使其去看一看这条路是不是自己真正想走的路。青年人可能会因为还没有训练成熟，社会功能不足，所以存在适应方面的问题，但中年人一般不会有适应问题，如果一个人在中年时期出现了长期的、难以适应的不舒服，并且久治不愈，那就传递了一个信号——他的底层可能有某种更深刻的信念系统要破土而出了。

外在的危机其实是底层信念出现变动的表现。从积极的角度来讲，它的意义是重新认识自我，原来的自我充满家族的指望，不过是家族泡影的承担者。现在这个泡泡吹不出来了，或是要破碎了，这对真实的自己而言，是一个认识自我的机会。比如我们在检视自己的标签系统时，会发现现存的标签系统是：我是某个家族的人。如果我们要动摇它，你可以试着做另一个思想实验，假设自己的确诞生于一个完全不同的家族，你的人生会怎样？基于这种假设，你可以看看自己究竟有哪些东西不会变化，哪些东西会变化。

原生家庭的影响在中年时期最弱，因为可能对某些人而言，此时他们的双亲可能已经去世了，所以机会在于，你的确可以走自己的路，中年危机也可能会让你重新编程。**如果能成功渡过这场危机，生命之河的宽度会自然地变宽，或是朝着另外一个方向流去。**

如果看到这部分内容的读者正处于中年时期，不妨尝试做一番思想实验，看看自己重新编程的可能性究竟有多大。

第五章

新生：

勇敢面对真我

　　活出新生是一个不断做减法的过程；是一个抛掉不适合自己的规条、撕下不适合自己的标签的过程；也是一个不断接纳新事物、不断整合的过程。如果撕掉了所有的标签，我们还剩下些什么呢？如果走到了自己内心的无人区，能找到什么样的力量呢？如果增加观察事物的角度，比如重新定义自己曾经不那么好的经历，整合人与世界的复杂性，坦然面对未知与不确定性带来的失控感，那我们几乎必然会成长，我们的人生之路也将越走越宽。你要相信，你值得美好而充实的人生。

第一节　如果撕掉所有标签，我们还剩下些什么
■　■　■　■

有关标签的增减，我们已经做过一些思想实验了，所以我们可以思考一下，如果把所有的标签都撕掉，我们还剩下些什么？我们究竟是谁？在做这个思想实验时，有没有哪个标签是我们在很长的时间内，每次想去除时却又变得更加牢固的？

对绝大多数人来说，与家人相关的标签就属于这一类。我们越想把这个标签撕掉，它就会贴得越牢。我的很多来访者原来非常不认同自己的父母，甚至对他们充满敌意，可是经过多年的咨询，他们发现，实际上自己对父母的认同程度比自己所表现的要高得多。**尤其是当他们也为人父母时，就会惊讶地发现，他们几乎彻头彻尾地变成了他们父母的样子**。

所以你可以想一想，我们对"我们是谁的孩子"这一点的认同程度究竟有多深？现在大家也都会理解，大部分人的情绪、防御、信念系统的主要来源，仍然是家庭。

与其说标签像是一个便利贴，不如说它像是脐带、胎盘，你与它不分你我，血肉相连。所以，撕掉某些标签真的很难，哪怕只是在心理层面上的撕掉。

上一节中我们提到过，到了中年，有些人的"我是某个家

庭的人"的标签已经被撕掉了。有一些来访者会在父母重病时来接受咨询。为什么是在这时呢？因为这时，他们处于即将失去与父母非常丰富的联结的境地。

我们不知道伴随着这种失去，他的人生会有什么变化，因为这种可能性是他无法思考的。如果父母去世了，失去了他们，那我自己究竟是谁？这其实是一个所有人都会面对的问题，可能有些人很不幸，很小就失去了父亲或母亲，甚至双亲，但即便如此，他们在这个世界上也仍然只会承认某个人是自己的父亲，某个人是自己的母亲。

在心理的层面，我们生于一个家庭中的同时，似乎自然而然地会拥有一种力量。无法或者非常难以想象，我们并非是生活在某个家庭中的人，"我属于某个家庭"这个标签其实是最难被撕掉的。

可是很多困扰与痛苦、不自由与不自在，却都来自这个标签。我这样说并不是要鼓励所有人脱离家庭，从一个家庭情节中走出来和脱离家庭不是一回事，完全撕掉"我属于某个家庭"标签的难度很大，但放出被困在家庭情结中的自己，让自己哪怕是仍然生活在这个家里，也获得高度自由，这件事的难度就小得多了。

人到了中年其实会思考"我究竟是谁"，因为人生进行到这个阶段，即使"我是某个人的孩子"这种标签不被撕去，随着父母日渐年迈，我们普遍也会开始思考这个问题。

　　有些来访者觉得他们没有办法思考自己不是父母的孩子，自己失去了父母会怎样。但这种思考对他们而言，其实是一个机会，是危机中的机会，有利于他们拓展对自我的认知。

　　在有了充足的、丰富的人生经历后，**我们会发现自己在不断寻求父母的替代物**。不论是向老师、上司或向伴侣的寻求，都是家庭情结、无形的标签、贴在身体表面乃至贴到骨子里的标签的体现。在处理这些标签时，与其放任它们被撕，不如在内心仔细做一番思想实验。

　　我的来访者中也有一些人是我的同行，按理来说，我讲的这些道理他们都懂，那还有什么想不开的呢？如果你了解他们和父母的互动方式，你就会发现，同自己父母互动的难处在于，自己真的是太把对方看作自己的父母了。我们被这样的标签困住了，这不仅不利于我们自己的发展，也不利于我们同父母的联结。

　　联结的难点主要在于双方实在是太执着于"父母"与"孩子"的身份。有时候我会碰到年纪较大的来访者，他的孩子已经成年，这时会有一种普遍的现象：如果一个年龄和自己孩子相仿的人有与自己的孩子同样的或更恶劣的作为，他们就觉得无所谓；但如果自己的孩子有这样的行为，他们就会很生气。他们的问题在于太把他的孩子当成自己的孩子了。这个标签同时束缚了贴标签者和被贴标签者，它就像是某种危险的胶水一样，牢牢地贴在彼此身上，困住我们的思维，让我们完全没有办法思考没有这个标签的后果。

但是，假如我们能在这一点上有一些改变，哪怕只是关系中的一方有一些改变，改变带来的效果通常也是可喜的。如果你对自己说："我不是家里的人，对方也并非我的父母。"那这时，好像平等心、慈悲感就会更容易产生。

所以，如果能在这方面开始一个不一样的解绑的过程，我们的人生会有很大程度的解绑或放松。因为坦率来讲，一个足够长的、分析性的心理咨询，具体在做的其实就是这样的解绑工作。

第二节　走进内心的无人区

■　■　■　■

我们再来谈一谈内心无人区这个问题。

无人区是一个比喻，地球上有很多地方是无人区，其中有些是相对无人区，有些是绝对无人区。大家的心里有没有这样一处没有人去过的地方呢？其实**每个人的心里都有相对无人区和绝对无人区**。相对无人区就是很少有人去过的地方，比如只有很亲密的朋友、你的心理咨询师，或是一个不知道名字的网友去过，再深一层，可能就只有你自己去过——你也只是在那里待了一会儿，只是知道它在哪里，并不太熟悉。而绝对无人区，自然是你自己从没有去过的地方。

无人区意味着什么？意味着你的生命没有被另外一个生命所见证。如果你被扔在一个无人区，只要不被别人知道，那么你的生存与死亡就是未知的。无人区和我们在上一节中谈到的死亡有关，两者的道理也相同。如果说我们自己的心灵有很多花瓣，那么有一些大家都能看得到，是拍照时总能拍到的外层；有一些花瓣可能一直到花朵枯萎都没有被看到；还有一些像是无花果的花一样，藏在果实里边。

这些地方其实都是我们内心的无人之地，它是一种介于生与死之间的状态。因为如果说它是生，它没有被另外一个活着的人见证过；如果说它是死，它又存在被见证的潜质。

本书以花作为最基本的比喻是因为花象征着绽放与富饶，而且通常花都会结果，果实象征着生命与生命的联结。我们不能忽略自己内心的无人区，因为它同样是我们内在的一部分。比如疫情期间大家都待在家里闭门不出，这种被迫减少与人接触的状态看起来就是一种社交孤立的、寂寞的状态，可是当我们减少与外界的交往时，我们每天受到的外界影响也逐渐减少。

为什么这么说呢？因为封闭的第一天，我们可能仍然维持着活跃的社交活动，只不过通过网络的方式进行，比如云喝酒、云吃饭、云打牌、云美容。这个时候，其实我们的体验在很大程度上仍然通过与他人互动塑造。我们在精心地装饰花瓣的最外层，因为我们觉得这是必要的。**生活惯性让人们觉得应该保持这种连续性。第二天，可能你的网络社交活动频率就会减小。**这样一来，你可能就不会像平时那样注意形象，比如减少洗头的频率。

在你的体验中，被他人所影响、所塑造的部分会变少，以自己为中心的部分会增加。长此以往，即使有一天你要见一个人，可能你的迎合性已经比原来降低了很多，最后你会逐渐适应这种相对孤立的生活。这个时候，你的体验将主要来自自己的内心。这就好像外层的花瓣脱落了，或者说收起来了。

在这种情况下，内层的花瓣有了绽放的可能性。所以这时我们内心很多的无人区可能会被我们探索到，或被我们驻足眺望。这种内在探索的增加是社交减少的结果，是一个探索自我的好机会，但一切的前提是，你认为自己内在这些人迹罕至之处有存在的意义。

由于社交活动是维护标签系统的外在的"加油站"，因此只要社交活动不减少，我们维护标签的活动也不会减少。你会发现，只要去见人，就会有见人的样子。这些样子是我们"正常生活"中的常态，我们也早就习以为常。

但如果这种习以为常变得不平常后，我们可能就要面对自己的很多东西了。

一些习惯了社交的人，可能会在比如疫情期间被迫待在家里的状态下发现自己不熟悉的样貌。你会发现自己很喜爱一些简单的事情，比如做手冲咖啡。平时都是在咖啡厅里喝别人冲给你的咖啡，因此虽然你以前完全没有留意到你喜欢做手冲咖啡，但内心其实有想尝试自己做一下的冲动。如果不是这样"被迫闭关"的机会，你内在的这一部分可能性永远无法被自己发现。

也有一些人，平时工作和生活中倚重的是自己外向或外倾的部分，那么他会不会其实是一个内倾或内向的人呢？也有可能。比如，他在疫情期间待在家里时，可能就走进了自己内心，走回自己的童年时代最熟悉、最适应的一个相对无人区，他发现原来心灵的故乡在这里，只是离开太久，曾经的家园都已经荒芜了，他可能会重拾往日记忆，重新打理已经废弃的院落，并且在这里给自己充电。

这些还都是童年的记忆，再往深处走，他可能会淡化自己非常执着的"人的部分"。这时他通常会有一些体验，这些体验不能简单地被称为情绪，他可能会体验到很强的悲伤感，而这种悲伤感正如我所说的，也可以是一种力量来源。

当我们沉浸在悲伤中时，可能会突然产生一种意象：我们并非是在体验某个人的悲伤感，这种悲伤好像没有主人，它自己存在着，不属于某个人，甚至也不属于我们自己。 这时，你不要急急忙忙地宣称自己抑郁了，然后特别慌张地去预约医生，你只不过是抵达了一片无人之境。这片无人之境可能也不是你的，只不过你不知道，但这些东西其实是自然存在的，它们充满了一种原始的力量。

我们如果不想白来这片无人之境一趟，就应该追求这种原始的力量。我们能否在这里汲取能量？当我们离开这片土地时，如果内心越来越明亮，**内心世界变得愈发充实，意识到自己所隐藏的力量**，不再那么在意或惧怕别人的想法或好恶了，那这就是一次收获满满的探索，你的内心从此永远有了一片坚毅的领土，这就是我所说的底气。

大家常用的底气，大多指与他人竞争的底气，而与他人的竞争是无穷无尽的，这种底气也可以轻易被别人击碎；而刚刚讲到的底气则不同，如果你能克服并且整合那种深刻的孤独，那与人的互动又有什么好怕的呢？你有一大片属于自己的土地，**你的人生有可以后退的地方，这会让你产生很大的安全感。这种安全感来自你自己，是你的底气，并且和那种用于与人竞争的底气不同，这个底气并不会被他人轻易击碎。**

第三节　获得超越的视角，重新为自己的人生掌舵

■　■　■　■

这一节我们来讨论"超越"的问题。

大家心里有很多人际方面的困扰或情绪方面的压力，以及把这些情绪推到一边的防御机制和自己做不了主的信念。这些压力、机制和信念一方面是消极的，因为它们试图依次戳破那些我们长久以来信以为真的泡影；另一方面**也是积极的，因为那些泡影给予我们一种虚假的安全感，是靠不住的。**

内在的不断发展需要我们不断超越自身的安全感。当我们从一种安全感向另外一种更为真实的、更为可靠的安全感过渡时，一定会历经某些暂时的不适应，甚至觉得这个过渡如同灾难。那么，我们如何做到超越呢？

心理学家荣格对"超越"有一些论述，他提出了一个名为**超越功能**的理论。超越功能**是指对立两者的融合，像是把两种颜料混合并形成一种新的颜料，其实就形成了对立两者的融合。**我们很多时候之所以会陷入各种各样情绪或人际间的困扰，是因为我们极度缺少一种超越的维度。比如，我们自己在一片丛林中时很容易失去方向，但如果从空中看，可能就会轻易地发现我们一直在原地打转。如果我们始终在一个二维空间

内，就很难看到另外一个维度所能看到的这个空间的全貌。或许我们在二维的丛林迷宫里怎么也找不到出口，但在三维空间里却发现，迷宫的出口近在咫尺。

再比如，人际间的困扰有多大程度是由于内心过于强调自己和他人的对立所产生的呢？

我想起很早以前，我和一位同样也是从事心理治疗的同事在咨询中心的三楼看地面上有人在反复做倒杆练习。我的同事评论道，这个时候人其实要和方向盘合一，我说这的确没有问题，对新手而言，逐渐学会与方向盘合一是很重要的，但同时，或许我们和杆也应该是合一的，它并不在我们的对立面。

通常我们认为，把一个东西从左手交到右手是一件很简单的事。因为我们会很自然地把左右手视为自己的一部分，所以完成这个动作是没有障碍的。可是，如果我们的神经系统出了某些问题，简单的事情可能会变得相当复杂，把某个东西从左手交到右手就变成了一个需要反复练习的过程，因为此时的左右手已经变得对立了，它们看起来可能没有服务于同一个大脑。人际关系也是如此，很多时候，我们太把对方当成对方，这种范式带来的好处是，我们好像有着非常明确的认知：这个是我的，那个不是我的；这个是我想要的，那个是对方不想让我要的。**这种范式让我们可以更加适应社会。**

从某种程度上来说，至少在一个阶段内，这样的一种分拣工作的确有利于我们适应社会。可到了一定程度后再这样做，就有些舍本逐末了。比如我从事咨询工作，我在工作时，会在一开始就把来访者、咨询师、求助者、帮助者分得比较清楚，**可是分得很清楚后会带来一个问题：我太执着于某种感受究竟是谁的。**

其实当人际间出现某种感受时，如两个人都感觉很苦恼，究竟有没有"A先感觉到苦恼，然后苦恼像一个火球一般被扔给B，B再感觉到苦恼"这样的因果关系呢？大部分时候是没有的。很多时候，两个人共同陷入了巨大的苦恼情绪中，可能两个人对苦恼情绪的感受有一个先后顺序，但通常并不会产生因果关系。

比如一个家庭在碰到了某些危机后，家庭中的所有人都会产生某种不安感，可能有些人敏感一点儿，有些人会迟钝一点儿，敏感的人由于率先体验到了这种不安感，而这种不安感又超过了他的防御能力，然后就"兜"不住了，**所以这种压力就会在人际间传递。**

表面上看起来，家庭成员中的其他人都感受到了这样的传递，可是家庭成员之所以能感受到这样的负面情绪，难道不是因为他们在内隐的层面早已感觉到了吗？而且往往由于他们感觉到了这种负面情绪，启动了防御模式，所以当别人试图攻破防御时，他们很有可能会产生一种强烈的不安，或者恼羞成怒。他们在这个时候一定会把这个想象中的火球再扔回去，或是扔给其他人，直到这个家庭变成一片火海为止。

家庭在进入这种恶性循环后，一定会找出一个"替罪羊"。每个人都不想承认自己是问题的制造者、维持者、传递者，每个人都太执着于自己是正常的，或自己是受害者。这样一来，火没有在任何一个地方变弱，相反大家都让它变得更旺了。

而家庭咨询和家庭治疗的目的其实就是让大家超越这种对立维度。一般谈到核心信念时，有一种比较深层的核心信念是：问题出在某个人身上。而家庭治疗的目的，就是让大家明白：我们是在同一条船上的人，船着火了不一定是某个成员造成的。当家庭陷入危机时，也不是家庭成员有意引火上身。大家要逐渐认识到，每位家庭成员之间并没有"传火球"的行动，而是一起面对了某些困难，并且如果想要解决困难，一定要放下彼此之间界限分明的想法。

通常，只要碰到某些问题，我们的自动思维就是要寻找谁是制造麻烦的人。可问题本身很复杂，基本上都是系统所引发的，单独一个人不可能成为问题的成因，哪怕问题是以一个人的形式呈现的，其背后也有更为深刻的系统危机。这个系统危机或许在其他维度看来显而易见，但如果我们在解决问题的过程中没有办法超越问题所在的维度，那很有可能被这个问题困住，这种情况在日常生活中太常见了。

我们的人生系统会从单一、简单成长为复杂、均衡。在这个过程中，我们其实在不断超越过去的维度。较之过去，我们增加了一些观察事物的角度，这带来了必然的成长。但我们

在增加观察事物的新维度时，也要付出代价。通常会面临的情况是，我们寻求上升，可是上升得还不够高，我们看到更多的问题，但我们的能力还跟不上思维的发展。这时就会进入一种困局。

我们有关人生、自我的知识，有的是"学而知之"，有的是"生而知之"，也有的是"困而知之"。这里就是一种困而知之的情况。我们很有可能无法消化这种苦恼，又要回到原来比较扁平的思维方式里。而消灭新增长的维度绝对是很令人惋惜的一件事情。

你没有站在一个更高的维度发现生活中的可能性和事实，并不意味着它们不存在。就像是洪灾时，如果某个地方水漫上来了，你可以到一个暂时还没有被水淹没的地方，假装洪水并不存在，可是洪水并不会因此就不上涨。我们要面对现实，所以当被生活渐渐逼到死角、逼到困局中，吃了很多次亏，受了很多次伤时，如果从超越的视角来看，这有没有可能是一次成长的机会？我们能不能忍着痛苦、忍着不确定性，以另一个思想维度仔细看看自己的生活？要知道，只有这样我们才能成为自己生活的主宰。

当然，我们有时也会需要一些外在的支点，比如亲近一些特别的人，这些人不一定在物质层面有多大的成功，但因为他们的视角和我们不一样，**不同思想产生的交叉可能会使我们的思想维度变得更丰富。**如果一个人的思考角度和我们不同，那么虽然这会暂时带来一些不那么舒服的感受，但这种不舒服之中也包含着成长和超越的可能性。如果你真的想"超越"，就要记住超越一定是没那么容易实现的，甚至有时候我们还会不进反退。可是，只有当我们的内心认定有超越的可能性时，外在的人生才有机会实现超越。我希望把这样一个信念通过这本书传递给大家。

第四节　活在当下没那么容易吗

■　■　■　■

接下来的几节，我们会集中讨论勇气。我们会在很多场合听到"勇气"这个词，很多家长都希望自己的孩子有勇气，有些书里会对勇气大加赞扬，但我此处观点的主要灵感来自心理学家阿德勒，是他在系统的心理学的体系中率先讨论了"勇气"的议题。这里的勇气不是指盲目的勇气——那样的勇气很多人都已经拥有了，而是指面对当下，面对内在的、深层自我的勇气。

"当下"是近几年人们比较津津乐道的字眼，有一些书籍也比较喜欢讨论当下。有的心理治疗流派声称自己只关注当下。当来访者想谈自己过去的事情时，有的咨询师甚至会打断来访者，要把来访者拉回当下，但其实回忆过去的来访者已经在当下了。

人们对当下有很多误解，其中最常见的一种误解是：过去的事情都和当下无关。仿佛"当下"只是放在载玻片和盖玻片中间的人生切片，与过去、未来的生活完全没关系。这种观点是不可取的，没人可以面对这样的当下，**因为真正的当下一定会不断和过去与未来相联系，而我们在面对这种普遍的关系**

时，通常都会缺乏勇气。当我们缺乏面对真正的当下的勇气时，反而很容易将活在当下作为逃避的借口，作为一种没那么好用的防御工具。

那么，真正的"当下"是什么呢？

真正的当下是一个复杂的、动态的、具有之前经验的整体。

其实在对的当下体验中，最可靠的是我们的身体。很多人把自己的时间表排得很满，把时间管理得非常科学、非常精致。可是在这些安排里面，身体只被当成某种工具来使用，身体本身并没有进入当下，如果时刻感受我们的身体，很多时候我们会感觉身体是疲惫的、不情愿的，或连疲惫和不情愿也感受不到，身体可能是麻木的。所以我们有没有勇气面对完全没有处在当下的身体，面对非常疲惫的身体？通常，我们可能缺少面对正在受累的身体的勇气，因为当我们真的要面对它时，可能头脑中很多计划就无法实施了。

但身体是面对当下时非常重要的锚定点。我们的身体会产生很多感受，这些身体感受会催生很多情绪，一些经常出现的情绪就会形成心境。

把注意的焦点放在当下后，我们就会发现，当下的身体一直剖析着情绪。然后，我们就会很自然地发现，原来我们已经窄化了当下，也就是说，当我们需要积极应对一个任务时，大脑会关闭妨碍任务执行的那部分体验。比如，我们发自内心地不想做某件事情，觉得厌恶，产生了反抗情绪，但为了顺利完成任务，我们的大脑就会将这个反抗情绪拒之门外，不让它进入当下。而如果我们的心关注到这些被关到门外、不能进入当下，但事实上又在当下出现的情绪体验，会带来怎样的结果？我们很有可能会改变心意，不去做那件事情。改变心意会被我们的头脑判断为一种非常可怕的行为，所以通常我们没有勇气来面对这种当下。

面对任务，我们的计划是要大获全胜、多快好省。所以，我们就没有办法关注那些不合作的部分。有些人会在生活中的所有事情上都有拖延症，他也不理解自己为什么总是拖延。如果真正地关注当下，他会发现，这不是某种轻易能被治愈的疾病，因为他的内心有很大一部分不喜欢他目前正在全力冲刺或打算全力冲刺的事情，他要面对计划不能按时完成的可能性。

然而究竟是谁想实现这个计划？是你的领导想实现？你的老师想实现？你的伴侣想实现？还是你远房的亲戚想实现？**关注当下时，我们内在的声音将会被听到**。这些内在的声音不是在当我们关注它时神奇般地冒了出来，**这种过程在当下不断发生，只不过我们没有勇气去面对这样一个看起来乱糟糟的内心世界而已**。通常，每个人都希望自己聪明、睿智、富有、理性、高效。但是，我们缺少的恰恰是面对自己那些没那么完美的勇气。

即使只通过我刚刚列举的身体层面的、情绪方面的例子，大家应该也可以发现，体验当下这件事情没那么简单。**我们当下的情绪体验与身体体验，是在结合了过去的经验与未来的规划后，综合得出的结果，而且这两个维度和我们当下的经验是环环相扣的。**

比如，你今天要去车站接一个人，这个时候你就会从自己的记忆中调取与这个人有关的一切信息。如果这个人是几年没见的老朋友，你就会想这个人曾经是什么样子的，现在会变成什么样子。我们当下所形成的对这个人的感知同时包含了过去和未来两个维度。

未来维度是我们对这个人的设想，过去维度是我们对与这个人相关的信息的调取。所以在每一个当下，我们都会先看向未来，因为我们会设想某种意象，然后再从过往的体验中摘取与这个意象有关的元素，从而形成当下的体验。可能我们并没有留意到，我们在出站口接人时，当下所产生的紧张感里包含了无数个比对："这个人有点儿像他，是不是呢？"我们从记忆中调取更多的线索后发现："不是的，这个人应该就是了吗？好像就是！"我们又从记忆中调取这个人的一些特征，这个人越走越近，他符合这些特征，所以他是。这个时候我们判断，自己接到了在等的人。

这是一个日常生活中时时会发生的例子。但我们遇到的某种心理障碍也是如此，它一定包含了我们对未来的某种预期。因为如果我们对未来完全没有任何预期，也就不会产生任何心理障碍。

如果我们有一部分的内心期待在未来换一份工作或谈一场恋爱，那这时未来可能在我们的心中占据了很大的比例，这样的比例会使我们对当下的体验被窄化。当我们面对未来的未知性调取自己的记忆时，当下的经验就被窄化了。怎么窄化的呢？**如果你既往的经历中有很多受挫的部分，那么你在当下很有可能就像有一个筛子一样，筛除那些受挫的部分。**

有些人也会想，我有勇气面对这样的一种情形，你看，我每天都在准备面对挫折。但这些人的勇气是要加引号的，因为他们缺少那种更深刻的勇气——接纳一个完全不一样的自己。

很多人在收到别人的正面评价时反而会退缩，因为这个经验没有办法整合进他的当下，他习惯于把自己当成一个糟糕的人。他有勇气面对一个糟糕的自己，没有勇气面对一个优秀的自己。所以如果想不断"超越"，我们不仅仅要接受自己糟糕的部分，也需要接受自己会变好的事实，而很多人没有这样的勇气。

大家也可以想想，你究竟能忍受自己优秀到什么程度？哪怕你平时的自我感觉不差，也可以认真地问自己这个问题：当自己优秀到什么程度时，自己将会受不了？

第五节　什么是整合

■　■　■　■

这一节分析整合与整体。

无论是整合还是整体，听起来都是一个褒义词。**我们如果说一个人有自己的观念，可能会说这个人的观念比较整合，有整体观，有大局意识。**所以追求整合与整体通常是一件正确的事情。可是我要说的是，这件事情没那么简单，我们很可能像好龙的叶公一样，口口声声地说很喜欢，但真的去做又发自内心地讨厌。

人类的内在充满着冲突，所以很多人都会困惑于自己究竟是谁。自己有些时候是这样，有些时候是那样，究竟哪一个才是真正的自己？所以我们会有一种整合的愿景，希望自己的内在世界和谐统一。这个愿景很好，临床心理学的各个方向的研究无一不导向"整合"，可是它到底难在哪里呢？

首先，难在我们不喜欢自己不好的方面，如前文所说，我们不好的方面可以被作为阴影，而阴影可能会在人际关系中进行配重，比如我们不喜欢那些高高在上的人，这个高高在上的人可能就是我们自己的一部分；我们不喜欢那些很有权力欲、支配欲的人，很有可能我们自己也有很多有权力欲、支配欲的部分；我们不喜欢那些受虐的人，虽然我们自己的所作所为看起来一点都不受虐，但我们的内在也会有这样的部分。这些都是我们的阴影在为我们配重。所以我们有勇气把这些自己投射出去的部分再整合回自己身上吗？我相信即使大家在看本书时在心里点了点头，也不一定会去做，因为要做到这一点实在太难了。

如果我们将颜料混合，那么颜料混合得越多，其实颜色就越黑。我小时候玩彩色的粉笔灰时，原以为把各种颜色的粉笔灰混在一起，就会变得像彩虹一样美丽，但最后并不是这样。其实我们自身人格的整合也是一样的道理，**我们把扔出去的部分逐渐拿回来时，可能一个看起来很清澈的自我就变得混沌了**，这时内心会有怎样的变化？我们会体验到更多难以名状的情绪，会搞不清楚身体的感受和在脑海中飘来飘去的信念，会在外在层面越来越脱离日常生活的状态，我们的生活可能像在飞行中碰到了上升气流的飞机，突然进入一种动荡，这时我们的整体性也会开始呈现。

通常，由于自己的某种认知倾向，我们一定会按照某种范畴的方式来理解世界。一个孩子在不会说话到会说话的过程中，会学习到什么是高、什么是矮、什么是黑、什么是白、什么是胖、什么是瘦。等到他开始看动画片时，就会学习到什么是好人、什么是坏人。一些动物尽管是猛兽，却代表好的形象，比如胖胖熊等；另外一些动物，比如蛇，有些时候很自然地代表坏的形象。其实在建立这些对立范畴的同时，我们具有整体性的原始经验已经逐渐地被割裂了。

掌握这些范畴思维的好处是我们可以进入世界的概念系统，在这个世界上拥有定位，可以更加适应社会。坏处是我们内在会产生很多的对立，这种对立就会使得整体性逐渐丧失。如果我们想重新面对整体性，需要一些勇气。

如果想整合，想迎接一个整体的自己，我们就会依次敲一敲我们内在那些暗示的门，唤醒自己的某些部分。你可以想象，当内在这么多的自己都被唤醒时，我们的内在会怎样？当然会出现很多杂音，你整合内在的难度就会升级。

所以很多人口口声声地说"我要整合自己，整合自我"，但当内心开始出现其他声音时，他们就会被吓退，就会回到熟悉的自我那里，并且坚信那个自我才是真正的自我。他们会以这样的方式拒绝复杂性。**如果你拒绝复杂性，就意味着整体性也被你一并拒绝。**

在走向整合的过程中，我们至少在内心的层面一定会进入一个波动期，也可能有些人会感受到非常大的震荡。因为他们本身并不想整合，但症状的出现提示了他们人格中其他部分的存在，让他们知道自己其实存在更大的整体性，而这个整体性把他们吓到了。

每个人都会有很多阴影的部分，我也不例外，不过至少有一段路，我因为经常带人来走，所以比较熟悉。当人们说喜欢整体性时，你要告诉他们，你的整体性里包含很多杂音。此时他们可能会说只要指挥得当，这些杂音可能会变成交响乐——这是不错的愿景，但事实上杂音组成的交响乐没那么动听。属于我们比较习以为常的部分，可能比较容易变成交响乐；但属于我们内在深层的部分，那些狂野、撕扯、纠结的部分，可就很难说了。

这个时候如果有人告诉你，不要跑开，要迎上去，把这一部分的自己整合到自己身上，你想想我们的天性有多大可能会喜欢这样？所以**很多人的整合其实是被迫的，他不知道整合有怎样的原因，也不是每一种原因都能在他的童年时期找到充分而必要的证据**，他的人生是被甩入这样一个阶段的，他被迫面对复杂性，面对自己的无力。他试图拒绝这个世界的整体性，但他一定会失败，这会让他充满无力感。这就像一个人觉得自己很厉害，但面对即将升起的朝阳，他有办法让它不升起吗？没有。所以世界整体性的呈现是势不可当的。**与其逃避，不如借这个机会迎接更丰富的自己**。

整体性作为一种更圆满的人生形态，其实也是一种人生的信念。但选择面对整体性的人的比例其实很低，甚至可以说相当低。很多人宁愿待在一个熟悉的安全区，也不愿意面对整体性。有时，一些人会被甩出安全区，他们也就是我在临床工作中常见的那些来访者，这些人其实就是被迫走上了整合之路。

所以当我们说希望人有面对整体的勇气时，这里的勇气是天生的吗？其实并不是。这里的勇气真的是"走夜路"锻炼出来的。这些来访者一开始都被吓坏了，他们认为只有自己一个人被扔在了夜路上。但当他们对咨询师诉说时，会发现咨询师并不害怕那些让他们感到害怕的东西。他们因此知道夜路肯定有人走过，知道至少有人熟悉这段路。勇气也正是从那些走过夜路的人那里口口相传得来的。

咨询师的勇气也不是与生俱来的，而是在咨询过程中汇聚了点点滴滴的勇气所积累的。一个足够长的咨询过程，无非是把面对整体性的勇气一点一滴地传递给来访者。并且这个传递是双向的，当来访者能独立走这段路时，他就有了更大的整体性，这个整体性也会让咨询师对人类的心理更加敬畏，产生于敬畏之上的勇气其实才是真正的勇气。

与初生牛犊不怕虎的勇气不同，在知道人性的复杂、黑暗、不可控之后，依旧坚定地走向整体的勇气，才是真正的勇气。一旦有了这种勇气，这个世界上还有什么可怕的呢？那些很可怕的境况之所以可怕，无非是因为刺激了我们内心不熟悉的部分。既然我们曾经有整合自己的期待，那么何不趁现在实践呢？

第六节　关于面对未知，你知道多少

■　■　■　■

　　前文中我们分析了面对整体的勇气，接下来将阐述面对未知的勇气。如果有面对未知的勇气，其实你也很轻易就能面对整体性了。

　　生活中为什么需要这种勇气呢？从发展的角度而言，如果我们完全没有办法面对未知的事情，那很多事情就没有办法做了。作为一个"正常人"，我们为什么能处理好每天的事务？因为我们觉得这个世界是可控的。

　　比如，地铁总是会在某个时间点经过某一站。尽管你不是很确定精确的时间，但是你对其出现有一种确信感，并不完全未知，而接下来你会在什么时间出现在公司或教室，也都是可预测的。

　　如果不出意外，生活中那些可控的未知性，我们都能通过思维的方法处理好。

　　不要小看这种习以为常，这只是大部分人习以为常的事情，一个有恐惧症的人会觉得自己今天如果下楼，可能过马路时会被车撞死；或当他到地铁站时，地铁站甚至会塌掉。为什么会有这样的恐惧呢？因为他丧失了日常生活中最基本的面对未知的勇气。

这只是一个例子，我不希望大家某一天失去这样的勇气，因为那时你可能会觉得这个世界好可怕。当一个人没有基本水平的勇气时，这个世界的可怕性就会在每时每刻扑面而来。

我猜，大家既然读到了这里，应该都是有这种勇气的，因为你虽然不知道我下一节讲什么，但起码有很基本的认识：下一节不会太糟糕，不会让人觉得要崩溃。这就是一种我们习以为常的、面对未知的勇气。当我们在这种习以为常的状态下，不论主动还是被动地面对新的生活、新的境况时，我们已经在检验勇气 2.0 版了。

我发现有些人很快就能适应环境，很快就能在另外一个城市结识新的人、有新的圈子、开创新的事业；但有些人就会慢一些，因为如果一个新的环境中有很多未知的东西，人们面对未知的焦虑感太强烈，就会拖慢进程。

有一些人在这一点上非常极端，如果去某个地方出差，会因为换一张床而睡不着。他们好像对晚上睡觉的地方有一种身体层面的记忆，当床变得不熟悉时，他们就会产生一种未知。有些人真的会担心晚上床会塌，这就是因为缺少从以前的舒适区移动到将变成舒适区的区域时，所需要的 2.0 版的勇气。

多数人小时候其实已经被训练过很多次。1.0 版本的勇气主要来自对母亲的信任，如果母亲比较连续地提供抚慰养育，我们就会产生基本的信任感。**这种基本的信任感会使我们有足**

够的勇气面对日常生活中的不确定性。但你会发现，有些人拥有 1.0 版的勇气，但没有 2.0 版的勇气。原因可能是这个人的抚养者本身对更换环境比较焦虑，所提供的勇气也因此大打折扣，所以这个人长大后在这方面的勇气也会少一些。

不过，大多数人同时具有这两个版本的勇气。也有一些人，或主动或被动地进入了更大的、未知的场域。比如一个人得了某种特殊恐惧症，特别害怕某样东西，这个病究竟能不能被治愈？他能不能控制这个病，恢复正常生活？你会发现，有些人在面对诸如此类的挑战时，会有某种难以名状的确定感；而有些人在面对类似挑战时，就会非常恐慌，没有丝毫确定感。

这种场域不是每个人都能进去的。进入这样的场域时，就象征着他从母亲的视野中消失了，甚至从母亲的心里消失了，他将独立面对一个连他的抚养者都没有去过的地方。所以，这时需要的勇气就是 3.0 版的勇气。

有些人被扔到了 3.0 版的勇气训练中，他们无法从自己的父母那里获得某种资源和信心，很多人就因此而陷入难以名状的精神心理障碍，甚至会患上严重的心理疾病。

那么这种勇气要怎样才能具有呢？心理学家荣格原本和他的老师弗洛伊德的关系不错，后来他们的关系出现了一些裂隙。在他们关系断裂后的很长一段时间里，以现在精神医学的角度来看，荣格已经处于精神分裂症发病的状态了。这个时候对他而言，好的方面是，更大的整体呈现在他面前；坏的方面是，更多的未知也向他呈现了。

荣格曾经在这种未知里独自探索了很久。我们通过他后来的手稿、回忆录、当时的画作可以了解到，他要么是到了很多人没有去过的地方；要么是到了有人去过却没走出来的地方，那些人就一直在里面待着；要么是到了有人可能曾正常地回来了，但他们没有足够的才华绘制一张地图的地方。荣格在这一点上非常幸运，也非常有勇气，他带着这个地方的地图回来了，形成了荣格学派。

很多人都会从类似这样的经历中获得一种勇气。如果你遇上了什么事，或碰到了很大的麻烦，即使糟糕到甚至要发疯了，但因为你的这些状态都曾有人经历过，所以我们完全可以从前人那里获得一些应对的勇气。

无论你的人生遭遇了什么，读到这里，我都希望大家形成这样一种思路——现在对你而言是考验自己勇气的时候，你不只是为自己一个人战斗，如果你成功了，你的勇气还会为他人提供借鉴。

第七节　是时候和过去的自己说再见了

■　■　■　■

随着书的内容渐渐进入尾声，我们这一节谈的话题也与分离和告别有关。虽说分离和告别让人不舍，但它们也是成长与整合的必要条件。我相信对于这一点，大家应该不会有什么疑问。

《庄子·齐物论》中说："方生方死，方死方生。"分离和成长其实是一体的，如果你想吃果子，肯定要先等花谢，是不是这个道理？

人类生命的开端——出生，其实也是一种告别。心理学家会说，有些人会有一种出生创伤，因为至少还在母亲体内时，我们所体验到的世界是非常稳定的，那里什么都有。出生会让我们告别这样一个"什么都有"的地方，所以孩子们都是哭着来到世间的。尽管大部分家庭都会欣喜地迎接一个新生命，可是对母亲而言，随着孩子的出生，她和孩子所共享的一段生命其实也就迎来了告别。为什么称为共享的生命呢？怀孕的女士们可能都会有较强的体验，一个新生命在她的体内孕育时，她的生命仿佛也和以前不一样了，会有一种和别人共享生命，同时又以自己的生命去养育另外一个生命的体验。

所以，如果我们握着这样的经验不放，很有可能会带来比较糟糕的后果。如果母亲非常眷恋这种体验，那么孩子的出生可能对母亲而言就是一种心理创伤，会让母亲产生很强烈的失落感。如果深层探索产后抑郁出现的原因，可能会追溯到这种出生创伤的影响。

孩子在一开始当然什么都不知道，他只是被带到了世间，他和母亲被动分离、被动告别。他还不知道他的人生接下来会有一长串的分离和告别，也正是通过这一长串的分离和告别，他才能成熟，才能体验生命，并走向一个完整的人生。比如，断奶也是一种告别，这个时候的告别通常是被动的。孩子还在母亲体内时，可以直接从母亲那里获得营养；孩子出生后，他们仍然通过吃奶的方式从另外一个人身上获得养料。所以断奶对孩子意味着什么？意味着此后他得自己咀嚼这个世界了。

这样一来，孩子就告别了一种随时可以获得养料的状态。也正是因为这样的告别，他开始主动探索这个世界。所以接下来他就会走路、会说话、会要东西了，再接下来，他会与父母分床。

与父母分床对很多孩子而言是不愉快的体验。因为孩子其实习惯旁边有一个大人，或两个大人，这样他会睡得更踏实一些。因为大人可以做他的保护者，他可以安然地退回自己的世界，在这个世界中，他仿佛又找回了快乐。所以在分床时，小孩子可能有一些不适应的表现，如睡眠变差、哭闹、做噩梦等。当他能克服这种分离焦虑时，他会发现，自己不仅想分床睡，还想分房睡。

总有一天，孩子不仅不希望父母去他的房间，甚至会给自己的房间上锁，形成一个属于自己的空间。在外界被确立后，一个属于自己的内在空间也会被确立，很多时候外界与内在是相辅相成的。因为大概从这个时候开始，孩子就会有秘密——有秘密是一个很重要的发展标志。

有些人没有秘密，是因为他们的心智成熟度不足以把某个东西藏到心里。其实，秘密是形成自我感非常重要的部分。你知道，如果你不说，有一部分内容别人就不会知道，你开始把这一部分藏在自己的内心世界。这样，你和他人之间逐渐会有一把锁、一堵墙、一个界面，其实这也是一种分离，代表你和父母之间有一个半透明的挡板了。随着挡板不再透明，你会有越来越多的内心活动，同时也丧失了与父母亲密无间的自己。如果你非常贪恋那一部分自己，或是你的父母非常留恋那个时候的你，那会带来一个怎样的结果呢？**如果没有办法发生这种分离，结果就是你的发展会受阻。**

再接下来就是去幼儿园了，去幼儿园也就是孩子从家庭密不可分的联系中分离。很多孩子在这个时候会有"入园困难"，比如，在去幼儿园的路上，总能看到一些小孩子在哭啼。这些孩子不知道这仅仅是与家庭分离的第一步，随着与家庭分离时间的增加，他们会更深刻地体验到这种分离性。如果这样的分离性能被欣赏、接纳或得到父母的赞许乃至祝福，他们分离的决心就会更加坚定。

等到真正进入了学生生涯，孩子们依旧有很多危机需要克服。一般来说，大学前的学业多在自己家所在的城市完成，这样一来，每个晚上或每个周末都能回到家里团聚，尤其是在高三这段时间，哪怕是在学校寄宿，可能家长也会经常煲一点儿汤、送一点儿营养品。在这段时间内，孩子和家庭的关系仍然非常密切。

高中毕业后，如果你顺利考上了大学，接下来的分离就是较为正式地离开家庭。我们会发现，一些人虽然在高中阶段看起来有一些心理方面的异常，比如神经衰弱，或是患有抑郁症，但当他们进入大学，与自己的家庭分离后，这些症状好像都变轻了。我们有时能看出家庭在他们身上施加了怎样的影响，尤其是负面的影响。

很多人在大学期间会投入真正的恋爱。为什么我说是真正的恋爱呢？因为在高中时期，恋爱可能在很多方面都是不被允许和鼓励的，但在大学时期，它好像就名正言顺了，所以人们开始尝试在与恋人构建的、另外一个想象中的家庭中实现自我。这样的尝试是很有益的，它是人们从一个家庭到缔结另外一个家庭的过程中必备的练习。

到了大学毕业，大部分人就要与学生生涯、学生身份分离了。

很多人在这时会出现一些不适应，从此他就不是学生了，没有了学生身份，也就意味着这个社会可能不会像老师那样对自己有足够的包容和指导。面对这样的不确定时，很多人又会出现一些发展性的异常，有些人在工作岗位还会把领导投射为老师，感觉自己仍旧是学生。如果这个时候能顺利完成对自己的学生生涯、学生身份和这个身份带来的自我感的分离和告别，就可以全身心地投入社会了。

如果接下来能很好地适应社会，他可能会缔结自己的家庭。缔结家庭后，他就和单身的自己告别了。有些人舍不得告别，虽然已经成家了，但他的心态并没有做好准备，这时他会出现一些异常。

再接下来，他就会和自己的父母面临一样的局面，就是自己的孩子也会同他有一系列的分离。这一方面是一个挑战，另一方面，下一代开始新的里程对他而言也是一面镜子。如果我们在以前的发展阶段中，在处理分离时有一些问题或异常，那么这些问题或异常很容易在自己的下一代身上被折射。这可能会使人苦恼，但同时也是我们再次分离自己的机会。

到最后，每个人都会不可避免地走向死亡。人们先走向衰老，再走向死亡，最后与世界分离。如果我们从头梳理一遍就会发现，我们的人生称得上由一连串的分离和告别组成，而且这种分离和告别也称得上紧锣密鼓。

如果一切发展顺利，我们的人生会走向圆满；如果发展

不顺利，我们会凝固、冻结在我们自以为是的自我中，或是凝聚在一个别人所指望的、所期许的自我中。 如果别人觉得你是一个好人，天长日久，你就会把"我是一个好人"的信念深深铭刻在心底，在任何你可能要做"坏事"的时候，即使这件事不一定违法，你也会觉得自己背叛了这个身份。所以，如果你非常执着地把某个身份当作自己的一部分，哪怕是好人这个身份，你的经验其实都是被限制的。因此，**我们要有告别的勇气。** 不仅仅是与外界的所有人告别的勇气，还有与自己告别的勇气。我们自己塑造了某个自我，别人加固了这个自我，天长日久，这个自我带给我们的可能不是安全感或认同感，这时，我们就要果断与之告别。**只有这样，我们才能进入一个非常丰富的世界，并在这个世界中不断与自己将要发展出来的那些部分相遇。**

第八节　你值得美好而繁盛的人生

■　■　■　■

最后一节，我想把庄子的理念分享给大家。

庄子曾说，**"圣人者，原天地之美而达万物之理""独与天地精神往来"**。这是一种怎样的境界呢？我觉得天地之美是说，我们就像是进了一座花园，花园里有各种各样的花，每一种花都有它的美丽，我们不能想象一朵花包含了所有花的美，以至于这个世间所有的人都承认它是美的。因为有些花虽然花形非常漂亮，可是香气不那么馥郁；有些花尽管香气袭人，但花形平平无奇；有些花的花形和香气都很好，可惜花期太短；有些花的花期则过长，长得让人觉得它不是真花，好像是假花。

每一种花都会以自己的方式展现美，而最大的美是通过体验各种各样的"小美"得到的。你如果想欣赏"大美"，就不能长时间盯着一朵花，因为这样你只能看到一种局限的美。你需要"游"，游遍整座花园，流连于各种各样的花朵之间，此时才能够体会到：这里是美的，那里也是美的。

看到了这么多美，你就会感觉在心间与美有了直接接触。

在阳台看我们自己种的花，可能会觉得它一点儿都不美，因为它要追逐阳光，枝梢都会跑到窗外，花开时我们能看到的部分很少，都是行人在看。这样我们是不是吃亏了？也没有，因为我们也可以看到别人家的花开得好不好。所以我们不要只欣赏某些属于自己的东西，却不欣赏不属于自己的东西。如果那样，我们可能就会被局限在很小的美里面——认为只有自己得到的、拥有的、占据的，才是美的。这样我们的人生道路只会越走越窄。

前文说过，不断的分离与告别其实在把我们从条条框框中解放，这一点真的非常重要。因为我们的审美实际上被局限了，什么样是美的呢？广告里、电视里说美的就是美的，就是大家都会追捧的。我们的人生好像也被各种各样的美局限着，甚至出现了**常模崇拜**，即一个正常的标准只有一个，这个标准来自一个参考群体，只有尽可能地接近常模，你才算正常。

如果别人都穿某个牌子的衣服，而你没穿，你就在常模之外。如果我们的人生被这些东西所局限，那我们不就都变成"塑料花"了吗？在我小时候，其实有很多家庭都会用塑料花作为装饰品，曾经很流行电视机旁边放上两瓶塑料花，冰箱上面放上一瓶，隔一段时间用水冲洗一下，过年前仔细清洗一下。当时也不觉得有什么奇怪，可是现在才发觉，家里还是放鲜花才好。鲜花意味着每一朵花都有它的缺憾，而且鲜花也不会像塑料花一样一直开下去。我们的人生其实也应该是这样。

可能在物质生活有些匮乏时，大家对塑料花有一种崇拜，这种崇拜现在也存在，只不过表现不同，比如我们一打开手机就会收到各种各样的推送广告——怎样的人生才算是成功，怎样才是赢家……我们会被这些广告所束缚、所抓取，并下意识地把自己和塑料花般完美的人生广告进行对比，进而开始千方百计地切割自己，贴合广告里宣扬的美好生活的标准，比如一定要去健身房，一定要吃素，一定要去瑞士旅游，一定要买怎么样的车，一定要听某些课程，看某些人的书……

这些"一定要"其实会从方方面面把我们局限在一个区间内，天长日久，我们自己就适应了这一切，也就不会知道天地之间其实是有大美的，更不会有与万物同游这样的狂想了。这样一来，相比较本来能够达到的丰富程度，我们的生命可能就会更贫瘠。

所以我觉得繁盛的人生应该像一个百花园一样，每个人自己的花朵、花香、花期都不同，只有这样，世界才会繁盛富饶。而且，如果我们能从非常局限的自我中解放，哪怕是偶尔解放，我们也会很自然地看到其他花儿的美，而不仅仅会看到养在自己家阳台上花儿的美。

如果我们增加了欣赏能力，我们真的还需要拥有那么多吗？如果我们欣赏一些人格，那只要我们的心能够向这些人格看齐，也就是见贤思齐，那不就够了吗？甚至即使我们不认识这个人，我们的人生也会进入审美的境界。**境界不是场所，它是心所能达到的高度。**可能你所在的环境仍然非常简单、质朴，也可能你的路上除了人来人往之外，没有什么可看的风景。可是，如果你不把这些东西都标定为自己习以为常的经验，你每天都会有新发现。

我自己会有意识地用这种思维看待事物，当我看向天上的云时，它的确每时每刻都在变化，而且这些变化也不会因为个人的意志转移。比如，它们变成乌云时，你可能会觉得自己不想看乌云，但乌云也不会因为你不喜欢就发生变化。

所以如果能改变习以为常的思维，用审美的眼光看待外界，我们就能欣赏到非常富饶的世界。如果我们每天都这样做，那么再次回看内心时，会发现内心每时每刻都很新鲜，而我们以前之所以没有这种新鲜的体验，是因为当我们的身心产生某些体验时，我们很早就已经将其标定为"这是我的，是我每天都见到的"，习以为常的事物有什么可看的？这是我自己阳台上的花，我只是很机械地去修剪它，修剪之后转身回屋，不会再看它了，有什么可看的呢？**但如果我们能不仅仅把自己身心中的经验视为自己的，还把它视为天地精神的一种显现，就会发现它其实也很美。**

"美学"这个词在一开始指我们经验的感性维度。如果我们能使自己的生命呈现出这些维度，那么我们无论身在何方，都能拥有审美的权利。而且自身的发展、每天不同的经验等，和天上的云朵或百花园中的花朵一样，也是审美的对象。

再比如这本书的每个章节可能都会让你产生一些不一样的体验，**如果我们简单地把它们标定为喜欢或讨厌，就会损失它**

们的丰富性。不使用二元思维，而以敞开的心态面对，一切都可能得出不同的答案。

经验本身并不意味着一定会让我们身心欢愉。

有些时候，听到一些话时的确觉得心中有些沉重，但我们回头看时会发现，无论是曾经所喜欢的，还是厌弃的、想逃离的，都会给我们带来不同的感受。或许你会发现，当年你所防御的东西，如今已经弱化或不存在了。我们自己的情绪也是如此，如果不是在某种刻板关系的框架下去看，情绪也是我们鲜活体验的一部分，我们可以多给它一些空间，并且期待这些体验的整合。

可能大家一开始怀着各种目的来读这本书，现在回过头来看一看，那个目的是否依旧清晰呢？或者你是不是进入了一种"若有所失"的状态？如果是这样，我想我的目的就达到了。因为在我们准备开始一段旅程前，要放下很多东西，甚至包括对这段旅程的期待，如此才能拥有一段美好的旅程。

所以大家可以在结束后重新回到开篇，以不抱有期待的方式温习一遍全书内容，然后看一看收获了些什么，验证了些什么。我也很期待我们未来在某天重逢。

后记 | AFTERWORD
致无穷大的你

在上大学学习微积分时，我才知道无穷大也是有大小的，对于两个无穷集合，可以以能否建立它们之间的双射，作为比较其大小的方法。虽然详细怎么比较的知识早已经还给了白发苍苍的老先生，但是这种逻辑一直留在心里。

从事心理行业需要每天观察人心，体会人性。从业十几年，我最深刻的体会就是：我们的内在都深不可测，各有各的"无穷大"，而且每个人的无穷大都是不可比较的。有时你根据对来访者的第一印象，在脑子里构思了一个"扫描图"，似乎觉得对他的认识已经八九不离十了。但是越往后看，你会离这张图越远，到这段旅程快结束时，恐怕你早就忘了那张草图。可能在咨询结束了几年后，某天你在见一位新的来访者，或者阅读一本书时，突然又获得了新的理解：把之前在学院里学习的生物学、心理学和哲学知识加起来，我对人心的了解也不过是冰山一角。

妄图把人心还原成若干条定理的想法是荒唐的，本书也无意如此。这本书是笔者先前那本《过好一个你说了不算的人生》的姊妹篇，这两本书大体上的方向都是帮助读者求得一个"小自在"。但不"知己"谈何自在呢？所以我把我在临床上发现的这些防御、情绪和信念等大致的线索，用尽可能朴实的语言分享给各位。话要说给有需要的人，为了起到作用，我尽可能原原本本地说，尽量做到引发思考而非恐慌。

当初我在为"自在心理学"设计大纲时，曾经有过这样的考虑：自在＝自＋在，"自"就是弗洛伊德的 Das Ich（本我），"在"就是海德格尔的 Dasein（此在）。"自"说的是自己，是自我，是自身，是一个主体的结构和功能，而"在"说的是关系，是自己与他人的关系，甚至与天地万物的关系。而"自在"则包括这两方面。有时候我也会去机场里的书店翻一翻书，总体的印象是这里的书太重视"自"而忽视乃至贬低了"在"，过于迎合人们妄图"掌握"人生的心思。所以，我写这两本书的目的就是希望可以平衡"自"与"在"的占比，这两本书中也都有不少有关人际、家庭方面的内容。

身为 80 后的我习惯了"一年更比一年好"，而这一年，世界发生的翻天覆地的变化令我印象深刻，也让我增添了几根白头发。和朋友们会面聊天时，发现大家似乎对人生、人心都多了不少思考。从好的方面说，这也许是大家都放慢脚步，向内看看的机会。我自己在整理书稿时，其实也是在做这件事情。

现在终于可以把这本本人虽然不是十分满意，但觉得多少能派得上一点儿用场的书呈现给各位了。

　　一本书的出版不是我自己的事情。曾经在壹心理工作的刘璐最开始约我构建这本书的内容，科班出身的她为本书的大纲提供了很多帮助。壹心理的张璐、人民邮电出版社的编辑梁清波、井思瑶和柳小红，还有插画师吉星瞳都付出了各自的努力。我的前辈赵旭东、申荷永、钟年、曾奇峰、朱建军、吴和鸣诸老师都给予了我真诚的鼓励，在此一并致谢！

张沛超

2020 年 11 月 24 日

于深圳福田